MICHAEL GAST
MARTIN BALKE

Nachtjagd — auf Sauen

AUF DER PIRSCH UND AN DER KIRRUNG

KOSMOS

☞ Inhalt

VORWORT

Es ist unumstritten, dass die Jagd einem ständigen Wandel unterliegt und auch die Jäger ständig Anpassungen an Material und Ausrüstung vornehmen müssen. Galt es noch zu Beginn des 20. Jahrhunderts als unweidmännisch ein Zielfernrohr zu benutzen, hielt dieses spätestens nach dem Ersten Weltkrieg Einzug in die Jagd. Heute sind optische Zielhilfen aus dem jagdlichen Alltag nicht mehr wegzudenken.
Ebenso verhält es sich mit moderner Optronik. Ähnlich dem Zielfernrohr war diese Technik zunächst im militärischen Einsatz zu finden. So wurden bereits im Zweiten Weltkrieg die ersten brauchbaren Restlichtverstärker genutzt. Über die Jahre hinweg kamen neben Restlichtverstärkern noch digitale Bildwandler sowie Wärmebildgeräte unterschiedlicher Bauart hinzu. Die technische Weiterentwicklung ist mittlerweile so rasant, dass selbst stetige Anwender und Technikinteressierte rasch den Überblick verlieren. Mit der letzten großen Novellierung des Bundesjagdgesetzes wurde den Landesregierungen die Möglichkeit gegeben, auch Jägern den Zugang zu dieser Technik zu ermöglichen. Diese Gesetzesneuerung wurde zunächst in Süddeutschland (Bayern) genutzt und der Jägerschaft damit Zugang zu Wärmebild- sowie Nachtsichtvorsatzgeräten ermöglicht. In den Folgejahren zogen die Landesregierungen zahlreicher Bundesländer nach. So ist die Nutzung von Vorsatztechnik bei der Jagd

Die technische Entwicklung macht auch vor der Jagd keinen Halt. Beispielsweise Zielfernrohre auf Büchsen sind heute nicht mehr wegzudenken.

Viele Sauen werden heute bei der Nachtjagd mit Wärmebild- bzw. Nachtsichttechnik erlegt.

heute in fast allen Bundesländern Deutschlands erlaubt. Doch Vorsicht! Vor der Anwendung von Vorsatzgeräten oder Infrarotaufhellern sollte sich jeder Jäger zunächst mit den aktuell bei ihm geltenden Vorschriften vertraut machen. Mittlerweile wird ein großer Anteil der Schwarzwildstrecke Deutschlands bei der nächtlichen Jagd unter Verwendung moderner Vorsatzgeräte gemacht. Eine straffe Bejagung von Sauen ist insbesondere bei ausufernden Wildschäden und drohenden Tierseuchen angesagt. Die Afrikanische Schweinepest ist in einigen Bereichen Deutschlands bereits angekommen und lässt in den restlichen Bundesländern hoffentlich noch lange auf sich warten. Wir Jäger sollten in diesem Zusammenhang alles dafür tun, dass sich diese Seuche nicht weiter ausbreitet. Gleichzeitig will wohl kein Jäger, dass das Schwarzwild aus unseren Revieren verschwindet, ist es doch für viele die interessanteste heimische Wildart. Von der Jagd auf Sauen geht für viele Jäger eben eine ganz besondere Faszination aus. Ein angepasster Wildbestand ist in diesem Zusammenhang wie so oft der richtige Weg. Zum einen bleiben Wildschäden in Grenzen und der Ausbreitung von Tierseuchen wird vorgebeugt, zum anderen lässt sich dennoch Beute machen. Wärmebild- sowie Restlichtverstärkertechnik unterstützt dabei eine tierschutzgerechte Jagd auf Sauen durch geschulte Jäger. Nur durch intensive praktische Erfahrung wird die nächtliche Jagd auf Sauen vollends erlernt. Das vorliegende Buch vermittelt das nötige Grundlagenwissen, um in diesem Bereich der Jagdausübung aktiv zu werden. Doch welche Kriterien sind bei der Auswahl von Vorsatztechnologie ausschlaggebend, wie wird diese Technik optimal eingesetzt, wie trainiert der Jäger damit und welche Jagdstrategien werden bei der Nutzung von Vorsatzgeräten eingesetzt? Diese und weitere Fragen werden in dem vorliegenden Buch beantwortet. Unsere Antworten und Erkenntnisse resultieren dabei unter anderem aus langjähriger militärischer Erfahrung im Umgang mit Vorsatztechnologie, der Schulung von mittlerweile Hunderten interessierten Jägern sowie der eigenen Nutzung der Technik im jagdlichen Einsatz. In den folgenden Kapiteln wird zwischen Wärmebildgeräten und Nachtsichtgeräten unterschieden. Unter Nachtsichtgeräten verstehen wir Geräte, die auf Basis von Restlichtverstärkertechnologie funktionieren. Die Verstärkung des Restlichts kann dabei sowohl analog als auch digital erfolgen.

UMWELTBEDINGUNGEN

JAHRESZEIT

Im Verlauf des Jahres ergeben sich unterschiedliche Schwierigkeiten und Herausforderungen bei der Schwarzwildjagd. Auch die Aktivitätsschwerpunkte der Sauen verlagern sich im Wechsel der Jahreszeiten. Dies gilt es zu beachten!

Die Jagd auf Schwarzwild stellt hohe Anforderungen an unser jagdliches Geschick. Sauen dürfen in zahlreichen Bundesländern mittlerweile zu jeder Jahres-, Tages- und Nachtzeit auf gesetzlicher Grundlage bejagt werden. Der im Gesetz geregelte Muttertierschutz ist von diesen „Lockerungen" natürlich unberührt. Führende Bachen (Muttertiere) sind in jedem Fall zu schonen. Das ergibt sich nicht nur aus den gesetzlichen Regelungen, sondern vor allem aus unserem Verständnis von weidmännischer sowie tierschutzgerechter Jagd. Frischlinge können mittlerweile ganzjährig auftreten. Das altbekannte Wissen um die Rauschzeit im Winter und das Frischen des Nachwuchses im Frühling sind nicht mehr die Regel. Wir Jäger müssen ständig damit rechnen, dass führende Stücke selbst noch Frischlinge sind. Der reich gedeckte Tisch in unserer Kulturlandschaft sorgt hier für eine früh einsetzende Geschlechtsreife bei Sauen. Dieser Um-

Feste Rausch- sowie Frischzeit – Fehlanzeige! Heute müssen wir Jäger das ganze Jahr über mit abhängigen Frischlingen im Revier rechnen.

stand erschwert den notwendigen starken Eingriff in die Jugendklasse beim Schwarzwild erheblich. So müssen wir Jäger beim Ansprechen von Frischlingen heute sehr genau hinschauen. Wärmebild-, Nachtsicht- sowie Vorsatztechnologie sind dabei jedoch extrem hilfreich.

Bei allem Wissen und gesetzlichen Möglichkeiten können Sauen jedoch nur erbeutet werden, wenn sie im Revier sind. Im Wechsel der Jahreszeiten wurde in zahlreichen wildbiologischen Untersuchungen die Standorttreue des Schwarzwilds mittels Telemetrie nachgewiesen und zudem das Raum-Zeit-Verhalten der Sauen untersucht.

Die Streifgebiete von Rotten und einzeln ziehenden Keilern sind mit mehreren Hundert Hektar meist deutlich größer als die meisten Jagdreviere in Deutschland. Wirklich erfolgreich können Sauen deshalb nur revierübergreifend bejagt werden. Die Interessen und Ziele der Jagdausübungsberechtigten sind bekanntermaßen jedoch sehr unterschiedlich. So ist sich in vielen Fällen dann doch jeder Jäger bis auf gemeinschaftliche Bewegungsjagden an festen Terminen im Herbst selbst überlassen.

Ausreichend Fraß ist heute in der Regel fast immer vorhanden.

AUF DIE UMSTÄNDE KOMMT ES AN

Betrachtet man die Schwarzwildstrecken Deutschlands, fällt auf, dass diese teils stark schwanken. Neben jagdlichem Glück beziehungsweise Pech liegt dies vor allem in der hohen Populationsdynamik der Sauen begründet. So haben unter anderem Fraßangebot sowie Wetterverhältnisse direkten Einfluss auf die Vermehrung des Schwarzwildes. Und jedes Jahr ist anders. Teils hat man als Jäger den Eindruck, das Schwarzwild sei wie vom Erdboden verschluckt, und im Jahr darauf laufen die Sauen einem fast in die Arme.

Sauen werden von Raps-, Weizen-, Hafer- oder Maisäckern magisch angezogen. Sie finden dort neben Fraß auch Deckung.

Trotz aller Veränderungen gibt es auch einige Dinge, die sich kaum verändern: Im Frühjahr und Sommer sind reifende Feldfrüchte ein magischer Anziehungspunkt fürs Schwarzwild. In der Zeit von Mai bis September ist nahe Getreide-, Raps-, Kartoffel- oder Maisschlägen stets mit Sauen zu rechnen. In großen Schlägen, mit ausreichender Bewuchshöhe, sind Sauen sogar am Tag aktiv. Sind landwirtschaftliche Flächen in einer Gegend rar gesät, zieht Schwarzwild teils über große Strecken zu diesen reichhaltigen Fraßangeboten. Nicht nur zur Verhinderung von hohen Wildschäden sollten wir Jäger deshalb insbesondere nahe dieser Flächen jagdlich aktiv werden und Beute machen. Reviere mit einem hohen Anteil landwirtschaftlicher Flächen werden in den Sommermonaten teils zu wahren Schwarzwildparadiesen, während sie in den kargen Wintermonaten nahezu sauenfrei sind. Insbesondere im Feldbereich ist die Höhe der Vegetation für den jagdlichen Erfolg äußerst entscheidend. Denn ist der Bewuchs zu hoch, sind Sauen nicht beziehungsweise nur teilweise zu erkennen. Wir Jäger sehen in solchen Situationen dann häufig nur noch starke Bachen oder Keiler. Frischlinge sind nicht mehr auszumachen. Sicheres Ansprechen und damit weidmännische und tierschutzgerechte Jagd ist dann kaum noch möglich. Trotz aller Wildschäden sollten wir Jäger deshalb an oder in reifenden Getreideschlägen höchste Vorsicht walten lassen. Beobachtungs- und Vorsatztechnologie für die Nachtjagd können dabei extrem hilfreich sein.

Die Sau ist trotz der relativ hohen Wiese gut zu erkennen. Doch Frischlinge würden in dieser Szenerie verborgen bleiben.

Wurde Vieh umgestellt, wird die verlassene Weide häufig von den Sauen umgedreht.

SCHWERES SCHIESSEN

Neben der Komplexität rund ums Ansprechen von Sauen kommt eine weitere Herausforderung bei der Jagd an den fraßreichen landwirtschaftlichen Flächen hinzu: das sichere Schießen. Hohe Vegetation kann zu fehlgeleiteten Schüssen führen, wenn das Projektil vor dem Wildkörper auf Blätter oder Halme trifft. Die Geschosse können dadurch abgelenkt werden oder sich bereits deformieren. Angeschweißte Stücke und daraus resultierende schwierige Nachsuchen können die Folge sein.
Wird Weidevieh umgesetzt, werden die Sauen in der Regel nicht lange auf sich warten lassen, um die frisch abgeweideten Wiesen mit den unzähligen Insekten auf den Hinterlassenschaften der Nutztiere

umzudrehen. Im Herbst und Winter sind die frisch abgeernteten und neubestellten Felder genauso interessant wie die Wälder mit ihren masttragenden Bäumen.
Sauen haben sich zudem einen weiteren Lebensraum erschlossen: den urbanen Bereich. Die Nähe zu Menschen in Städten und Ortschaften sorgt für ein reichhaltiges Fraßangebot. Deckung ist zudem beispielsweise in Schrebergartenanlagen, Parks oder in lediglich temporär genutzten Bereichen, wie beispielsweise auf Messegeländen ausreichend vorhanden. Bilder von am Tag nach Fraß suchenden Sauen im Stadtbereich unter den Augen verwunderter Menschen sind deshalb heute wahrlich keine Seltenheit mehr.

JAGD AUF INTAKTE ROTTEN

Ist die Vegetation in der kühlen Jahreszeit oder nach der Ernte und Mahd niedrig, können Sauen sicher angesprochen werden. Im Unterschied zu Drückjagden, bei denen teils einzelne Stücke aus gesprengten Rotten vor die Schützenstände wechseln, können wir Jäger bei der Nachtjagd intakte Rotten mit ihrem sozialen Verhalten beobachten. Größenunterschiede sowie Milchleisten bei führenden Stücken sind mit Nachtsicht- oder Wärmebildtechnik selbst in finsterster Nacht dabei gut zu erkennen. Das Risiko einen Schuss auf eine säugende Bache anzutragen, wird dadurch massiv reduziert.

Bei intakten Rotten lässt sich häufig durch Vergleich der Stücke und an ihrem Verhalten ansprechen. Bei der Nachtjagd können wir Jäger diesen Umstand nutzen.

WITTERUNG

Extreme Trockenphasen, Regentage oder starker Wind haben Einfluss auf die Aktivität der Sauen. Doch auch wir Jäger werden beeinflusst. Neben der Ausrüstung hat das Wetter ebenso unmittelbaren Einfluss auf die Jagd selbst.

Schwarzwild ist bis auf wenige Ruhephasen immer aktiv, auch wenn es meist für uns Jäger unsichtbar ist. Bei jedem Wetter wird Fraß aufgenommen. Wasser spielt im Leben der Schwarzkittel eine entscheidende Rolle. Neben der Flüssigkeitsaufnahme gilt dies vor allem für das Suhlen. Insbesondere in trockenen Sommern werden Sauen von diesen Schlammbädern magisch angezogen. Sind keine Wasserstellen und Suhlen im Revier vorhanden, kann es in den Sommermonaten dazu kommen, dass die Sauen abwandern auf der Suche nach Wasser. In den Sommermonaten lohnt deshalb die Pirsch oder der Ansitz auf den Wechseln nahe der Schlammbäder.

DEN WIND AUSNUTZEN

So kritisch wie der Wind bei der Bejagung von Schwarzwild ist, so hilfreich ist er aber auch. Denn wir Jäger können uns starken, konstanten Wind zunutze machen. Neben

Wasser spielt im Leben des Schwarzwildes eine besonders große Rolle. Neben dem Schöpfen gilt dies vor allem für das Suhlen. In trockenen Sommermonaten sind Reviere ohne Wasserstellen deshalb häufig „sauenfrei".

Die Bedeutung des Mondlichts tritt durch Nachtsicht- und vor allem Wärmebildtechnik in den Hintergrund.

den Geräuschen, die die Rotten im sozialen Umgang miteinander verwenden und die die Sauen bei der Fraßsuche selbst verursachen, können wir uns Sauen gegen den Wind ziemlich geräuschlos nähern. Während und nach Regenphasen sind die Schwarzkittel ebenfalls äußerst aktiv. Insbesondere im Anschluss an längere Trockenphasen suchen sie dann nach Insekten im Oberboden. Solche Regentage sind deshalb vielversprechende Jagdtage. Wir Jäger müssen uns nur den anspruchsvollen Verhältnissen bei Nässe mit unserer Ausrüstung anpassen. Waffe und Zielfernrohr müssen einsatzbereit sein: Die optischen Einrichtungen und der Lauf sowie Schalldämpfer dürfen nicht „ertrinken". Die Durchsicht durch Zielfernrohr, Fernglas oder Wärmebildgerät wird durch Nässe teils erheblich beeinträchtigt. Auch der Lauf sollte vor eindringendem Regenwasser geschützt werden.

MONDPHASE ZWEITRANGIG

Die Begehbarkeit sowie Befahrbarkeit von Wegen oder gar unbefestigtem Gelände kann durch anhaltende Regenfälle teils erheblich eingeschränkt sein. Wo wir sonst zum Bergen von Wild bei Trockenheit mühelos ranfahren können, kann jetzt das Bergen rasch unmöglich werden. Die Bewegungen des Jägers beim Pirschen können Matschgeräusche hervorrufen, die ihn verraten. Insbesondere auf nahe Distanzen am Wild sollte dies dringend beachtet werden. Die Sichtbarkeit der Sauen in Zielfernrohr, Wärmebild- oder Nachtsichtgeräten kann durch unterschiedliche Witterungsbedingungen stark gestört sein. Hohe Luftfeuchtigkeit, Nebel, Sprühregen und Schneefall schränken die Sichtbarkeit häufig stark ein. In einigen Fällen ist sicheres Erkennen und damit Ansprechen völlig unmöglich. Die für die Schwarzwildjagd bei Nacht in der Vergangenheit so entscheidenden Mondphasen können durch den Einsatz von Nachtsicht- und vor allem Wärmebildtechnik zunehmend vernachlässigt werden. Sauen haben durch unser Jagdverhalten ohnehin gelernt, klare und helle Nächte räumlich anders zu nutzen. Die Mondscheinjagd hat auch hier dafür gesorgt, dass das Schwarzwild sensibilisiert wurde und gut durch den Mond ausgeleuchtete Bereiche im Revier meidet. Sauen treten an solchen Stellen nicht aus der Deckung aus und bleiben unsichtbar.

GELÄNDE

Bei der Jagd in Mittelgebirgsregionen gibt es meist ausreichend Deckung sowie Kugelfang durch die Geländeformation. Ganz anders sieht das jedoch im Flachland aus. Deshalb sollte das Gelände bereits vor der Jagd ausgekundschaftet werden.

Einen entscheidenden Faktor sollte man sich als Jäger zunutze machen: das Gelände. Nicht nur die Bekleidung kann Tarnung sein, sondern auch die Art und Weise, wie der Jäger das Gelände nutzt. Hier gilt der Grundsatz: „Bewege Dich so, wie das Wasser fließt." Doch was heißt das für die Praxis? Stellt man sich das eigene Revier vor, so hat man schnell ein topografisches Bild vor Augen. Es gibt Höhenrücken, Senken, Bachläufe, Steilhänge, stark bewaldetes Gebiet mit dichter Vegetation und große Freiflächen, die weithin einsehbar sind. Je nach Geländeart muss dafür Ausrüstung und Bewegungstaktik angepasst werden. Werden Sauen hinter einer Anhöhe gesichtet, kann sich der Jäger beim Aufstieg zunächst nahezu aufrecht laufend den Sauen nähern. Kommt die Augenlinie über die Hangkante und besteht damit Sichtkontakt zu den Wutzen, muss auf hockende oder gar kriechende Gangart umgestellt werden. Insbesondere die Oberschenkel- und Bauchpartie der Bekleidung wird dabei stark strapaziert.

Die Topographie des Geländes sollte sich der Pirschjäger stets vor Augen führen. Sie beeinflusst sowohl die optische Tarnung als auch den Verlauf des Windes im Revier.

Werden Sauen hinter einer Erhöhung im Gelände ausgemacht, muss der Jäger meist im Liegen schießen.

WEITRÄUMIG UMSCHLAGEN

Wie bereits gezeigt, ist der Wind ein entscheidender Faktor dafür, wie wir Jäger uns dem Wild optimal nähern. Auf weitläufigen Feldflächen besteht die Besonderheit, dass es meist wenig Vegetation gibt, die den Wind verwirbelt oder in irgendeiner Form aufhält. Bei dieser Geländeform sind wir deshalb darauf angewiesen, das Wild unter Umständen weitläufig zu umschlagen und stets gegen den Wind anzugehen. Trotz vermeintlich kurzer Distanz zur Zielwildart bei der ersten Sichtung kann dieser Umstand zu weitläufigen Pirschgängen führen. Bei solchen „Gewaltmärschen" sollten in regelmäßigen Abständen Pausen eingelegt werden. Diese sollte der Jäger unbedingt nutzen, um das Gelände sorgfältig zu beobachten. Denn nicht nur wir Jäger bewegen uns – auch das Wild bewegt sich! So kann es sein, dass die bei erster Sichtung konzentriert nach Fraß suchende Rotte sich auf einmal in Bewegung setzt und zügig weiterzieht. Eine Weiterpirsch wäre dann unnötig, denn eine konstant weiterziehende Rotte holen wir Jäger kaum noch ein. Weiterhin sollten wir Jäger bei der Pirsch nicht nur die

Auch andere Wildarten sollte der Pirschjäger stets im Blick behalten.

Die menschliche Silhouette ist für Wild weithin wahrnehmbar.

Zielwildart „Schwarzwild" im Auge behalten. Ein unvorhergesehener nächtlicher Kontakt zu Rehwild kann die Sauenpirsch zunichte machen. Schreckend abspringende Rehe nehmen nämlich häufig auch alle anderen Wildarten mit in die schützende Deckung. Bei den ausgiebigen Zwischenhalten sollte die Tarnung keinesfalls außer Acht gelassen werden. Mittels leichten, schnell zu öffnenden Tarnschirmen oder entsprechenden Kleidungsstücken (Lodenkotze) kann die menschliche Kontur verwischt werden. Dies ermöglicht die bei der Beobachtung notwendigen Bewegungen des Jägers, ohne vom Wild wahrgenommen zu werden.

PIRSCHEN IN DER SENKE

Stark durchschnittenes Gelände ist eine besondere Herausforderung, weil der Wind verwirbelt beziehungsweise kanalisiert wird. Dadurch ist der Transport der menschlichen Wittrung in der Luft für den Jäger kaum vorhersehbar. Zudem bietet durchschnittenes Gelände jedoch die Möglichkeit der gedeckten Annäherung. Im Idealfall nutzen wir Jäger Senken, um uns entlang eines Hangs anzunähern. Danach schauen wir nur eine kurze Zeit lang über den Höhenrücken und können auf diese Weise das umliegende Gelände überblicken. In kupiertem Gelände sind die höchsten Punkte in der Landschaft für uns Jäger tabu! Denn gegen den Himmel betrachtet, bildet der menschliche Körper selbst in der finstersten Nacht meist noch eine für das Wild deutlich wahrnehmbare Silhouette. Diese Kontur ist für Wildtiere selbst aus großer Entfernung häufig noch sichtbar.Voraussetzung für einen erfolgreichen Pirschjäger bei Nacht ist eine sehr gute Revierkenntnis. Neben der Fähigkeit, in der Finsternis ohne Taschenlampe durch das Revier zu navigieren, sollte der Jäger zudem Wissen über Bewuchs und Oberflächenbeschaffenheit haben. Denn dort, wo nachts Sauen ausgemacht werden, ist nicht immer ein sauber geharkter Pirschpfad vorhanden. So muss der Jäger teils auch querfeldein pirschen. Und die Pirsch auf einer Wiese ist dabei deutlich geräuschärmer als die Fortbewegung auf einem Stoppelacker.

ACHTUNG, WALDRÄNDER!

Waldränder stellen stets eine besondere Herausforderung dar. Sehr häufig ruht unmittelbar an der Wald-Feld-Kante Wild. Dies ist für den Jäger selbst mit Wärmebildoptik

Bei der Pirsch auf Stoppeläckern muss die fehlende Deckung sowie das häufig laute Auftreten unbedingt beachtet werden.

kaum auszumachen. Ausgedehnte Pirschgänge entlang der Waldränder sind deshalb nicht optimal. Pirschgänge entlang der Waldränder führen häufig zu flüchtig abspringendem Wild. Wichtige Stellen im Revier sowie die angesprochenen Pirschpfade können mit Leuchttrassierband markiert werden, um in der Nacht einfacher gefunden zu werden. Das erleichtert die Orientierung ungemein! Dabei muss nicht der gesamte Pfad mit langen Streifen Trassierband markiert werden. Kleine Fetzen in regelmäßigem Abstand reichen dabei vollkommen aus.

An Waldrändern ruht häufig Wild, auf das der Pirschjäger in der Nacht trifft.

AUF DIE AUSRÜSTUNG KOMMT ES AN

DIE WAFFE

Das Angebot an unterschiedlichen Waffenmodellen sowie die schier unüberschaubare Auswahl an Kalibern macht die Zusammenstellung der eigenen Ausrüstung nicht gerade leicht. Und trotz der großen Auswahl zeichnet sich unter den nachtaktiven Sauenjägern ein Trend ab.

Grundsätzlich kommt es bei der Wahl der Waffe für die nächtliche Pirschjagd auf die Vorlieben des Jägers an. Zwingende Voraussetzung ist jedoch, dass der Schütze mit seiner Ausrüstung bestens vertraut ist. Eine Bedienung bei völliger Dunkelheit sollte problemlos möglich sein. Insbesondere bei Wärmebild- und Nachtsichtvorsätzen kommt es dabei häufig zu Problemen. Zahlreiche, teils kleine Knöpfe und Einstellrädchen und die fehlende Routine bei der Nutzung der Geräte in lediglich ein paar Nächten pro Jahr stehen dieser Anforderung entgegen. Bei der Wahl der Waffe sollte sich der Jäger deshalb an seiner Ausrüstung für die Jagd am Tag orientieren. Mit der Waffe für den Rehwildansitz ist der Jäger meist blindlings vertraut. Dann kommt „nur noch" der Faktor Vorsatzgerät hinzu. Ein weiterer Faktor für die Auswahl der Waffe ist deren Gewicht. Lange Pirschgänge fallen mit leichten Waffen deutlich einfacher als mit dem mehrere Kilogramm schweren Drilling. Obendrein ist zu bedenken, dass zusätzlich zum Gewicht von Waffe, Schalldämpfer und Zielfernrohr noch das Gewicht der Vorsatzoptik getragen werden muss.

Setzt der Jäger bei der nächtlichen Pirsch auf seine auch bei der Rehwildjagd verwendete Waffe, kann diese durch vorhandene Routine auch meist bei völliger Dunkelheit bedient werden.

Ein momentaner Trend geht hin zu kurzen und damit sehr kompakten Kipplaufbüchsen, die auch in der Anschaffung teils sehr günstig sind. Durch die kompakte Baulänge sind diese Waffen selbst mit montiertem Schalldämpfer noch recht führig. Je nach Vorliebe des jeweiligen Schützen gibt es sie sowohl mit als auch ohne Ejektor. Für ein zügiges Nachladen ist jedoch eine gewisse Routine beim Schützen notwendig.

Kurze Kipplaufbüchsen haben den Vorteil der Kompaktheit sowie des geringen Gewichts.

Die Repetierbüchse bietet hier den Vorteil des möglichen schnellen Folgeschusses. Auch unter den Repetierern gibt es mittlerweile eine große Modellauswahl. Von günstig bis teuer sowie leicht bis bleischwer ist hier nahezu alles zu finden. Entscheidender Faktor ist auch hier die Fähigkeit des Jägers, die Waffe selbst in völliger Finsternis bedienen zu können.

Auch kombinierte Waffen können bei der nächtlichen Jagd problemlos eingesetzt werden. Voraussetzung ist allerdings, dass die Treffpunktlage der verschiedenen Läufe am Tag im Zusammenspiel mit einem Vorsatzgerät überprüft wurde. Der Vorteil kombinierter Waffen liegt auf der Hand: Der häufig vorhandene zweite Kugellauf ermöglicht einen schnellen zweiten Schuss. In der Praxis haben wir jedoch häufig die Erfahrung gemacht, dass es teils massive Abweichungen bei den Treffpunktlagen der verschiedenen Läufe gibt, wenn Vorsatztechnik eingesetzt wird. Weiterhin ist das höhere Gewicht der Kombinierten zu beachten. Kilometerlange Pirschgänge fallen damit deutlich schwerer als mit der „federleichten" Kipplaufbüchse. Ein weiterer entscheidender Faktor ist der bei kombinierten Waffen in der Regel nicht nutzbare Schalldämpfer. Viele Jäger setzen heute bei der Jagd auf die Flüstertüten. Neben der Minimierung des Schussknalls reduziert ein Schalldämpfer zusätzlich den Rückstoß der Waffe teils erheblich. Das macht für viele Jäger das Schießen deutlich angenehmer. Nachteil von Schalldämpfern sind die – je nach Modell – teils erhebliche Verlängerung der Waffe und das gesteigerte Gesamtgewicht.

Kombinierte Waffen können zwar auch bei der Sauenpirsch genutzt werden. Das relativ hohe Gewicht sollte jedoch keinesfalls unterschätzt werden.

OPTIKEN

Will der Jäger Wärmebild- oder Nachtsichtvorsätze verwenden, kommt es nicht nur auf die Vorsatzgeräte selbst, sondern auch auf das verwendete Zielfernrohr an. Denn nur die Kombination sorgt für herausragende Leistung.

WÄRMEBILDGERÄTE

Ein Wärmebildgerät (oder Wärmekamera, Thermal-, Thermografie- oder Infrarotkamera) ist ein bildgebendes Gerät zur Darstellung von Infrarotstrahlung. Häufig begegnet einem in diesem Zusammenhang auch der militärische Begriff „FLIR". Dieser steht für Forward Looking Infrared. Infrarotstrahlung liegt im Wellenlängen- beziehungsweise Spektralbereich von rund 0,7 µm bis 1.000 µm. Wärmebildgeräte nutzen jedoch lediglich die Strahlung im Bereich von ca. 3,5 bis 15 µm. Dieser Spektralbereich beinhaltet das sogenannte mittlere sowie langwellige Infrarotlicht, welches sehr gut für die Darstellung von Temperaturen im Umgebungstemperaturbereich geeignet ist. Ein in dieser Form aufgebautes Wärmebildgerät macht das für den Menschen unsichtbare mittlere Infrarotlicht eines Körpers durch Umwandlung über ein Bolometer auf einem Bildgeber (Display des Wärmebildgerätes) in Form von Wärmebildern sichtbar. Aufgebaut ist das Wärmebildgerät wie jede herkömmliche Kamera. Es verfügt über ein Objektiv, einen

Wärmebildgeräte machen Infrarotstrahlung für uns Jäger sichtbar.

Gehäusekörper, elektronischen Sensor sowie ein Okular, in dem ein Display zur Darstellung der Infrarotstrahlung verborgen ist. Der Unterschied zur herkömmlichen Kamera liegt in den Bildsensoren. Eine herkömmliche Kamera ist nicht in der Lage, das besonders langwellige Infrarotlicht darzustellen. Die Sensoren einer Wärmebildkamera sind jedoch auf genau dieses Licht spezialisiert. Zudem kann das langwellige Licht lediglich als Intensitätsinformation angezeigt werden, das bedeutet, die von einer Wärmebildkamera erzeugten Bilder sind in unterschiedlichen Graustufen dargestellt. Viele Geräte haben eine 8 Bit oder mehr Graustufendarstellung. Da ein Mensch allerdings diese vielen Graustufen nicht unterscheiden kann, sollten wir Jäger auf eine Falschfarben- oder eingefärbte Darstellung in den Geräten zurückgreifen. Es gibt zahlreiche Möglichkeiten der eingefärbten Darstellung. So können die wärmsten Punkte eines Körpers in weißer Farbe dargestellt sein, die Punkte mittlerer Temperatur mit Gelb- beziehungsweise Rottönen und die Körperteile mit geringster Wärmeabstrahlung in Blautönen. Gängige Farbmodi sind „white hot" (Wärmequellen werden weiß dargestellt) oder die Invertierung hiervon, das sogenannte „black hot".

Das Ganze funktioniert, indem über ein Objektiv die Infrarotstrahlung auf einen Bildsensor projiziert wird. Hierfür verwenden die modernsten Optiken Mikrobolometerarrays, die die Strahlung über eine dünne Vanidiumoxid (VOx) oder amorphes Silizium (ASi) beschichtete Scheibe absorbieren und als elektronische Spannung zur Darstellung auf dem Bildsensor wiedergeben.

Bei der Lektüre von Bedienungsanleitungen oder Produktbeschreibungen zu Wärmebildgeräten begegnen einem meist nach wenigen Sätzen unterschiedliche Angaben sowie Kennzahlen aus dem Optikbereich. Da verlieren viele Jäger rasch den Überblick.

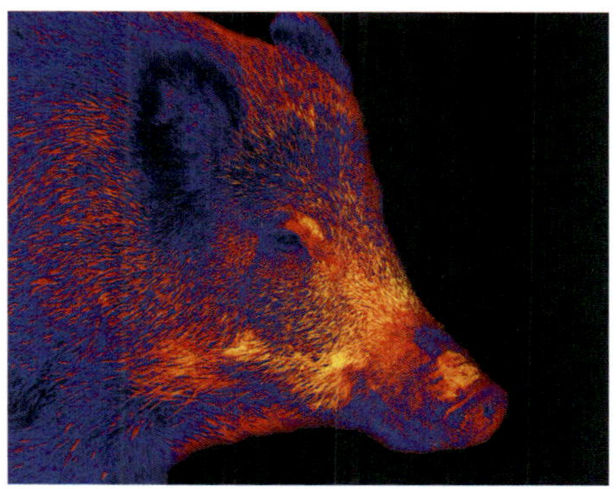

Der Farbmodus kann in den Geräten ganz nach Belieben des Jägers gewählt werden.

Im Folgenden gehen wir deshalb auf die optischen Kenndaten von Wärmebildgeräten etwas näher ein.

VOX- ODER ASI-SENSOR?

VOx (Vanadiumoxid) ist das am häufigsten verwendete Sensormaterial, weil es mit den gängigen Herstellungsprozessen von CMOS-Sensoren kompatibel ist. Dies führt zu Kostenersparnis bei den Herstellern. Der Nachteil von Vanadiumoxid ist, dass es eine etwas langsamere Zeitkonstante und eine kürzere mittlere Zeit vor dem Versagen als amorphes Silizium hat. Dies äußert sich in der Praxis durch häufigere und für den Menschen deutlich wahrnehmbare Kalibrierungen des Sensors (das Bild friert ein, die Objektivlinse schließt sich kurze Zeit).

Der Einsatz von amorphem Silizium ist die deutlich modernere Technologie. Mittlerweile kann die Herstellung dieser Sensoren auch in den Herstellungsprozess von CMOS-Sensoren integriert werden, so dass diese für den Massenmarkt erschwinglich werden. ASi-Sensoren haben eine deutlich schnellere Zeitkonstante und eine lange mittlere Zeit vor dem Versagen im Unterschied zu VOx-Sensoren. Dies äußert sich in der Praxis so, dass der Jäger die Kalibrierung des Bildsensors nicht mehr wahrnimmt, folglich das Einfrieren des Bildsensors nicht mehr durch den Menschen registriert wird.

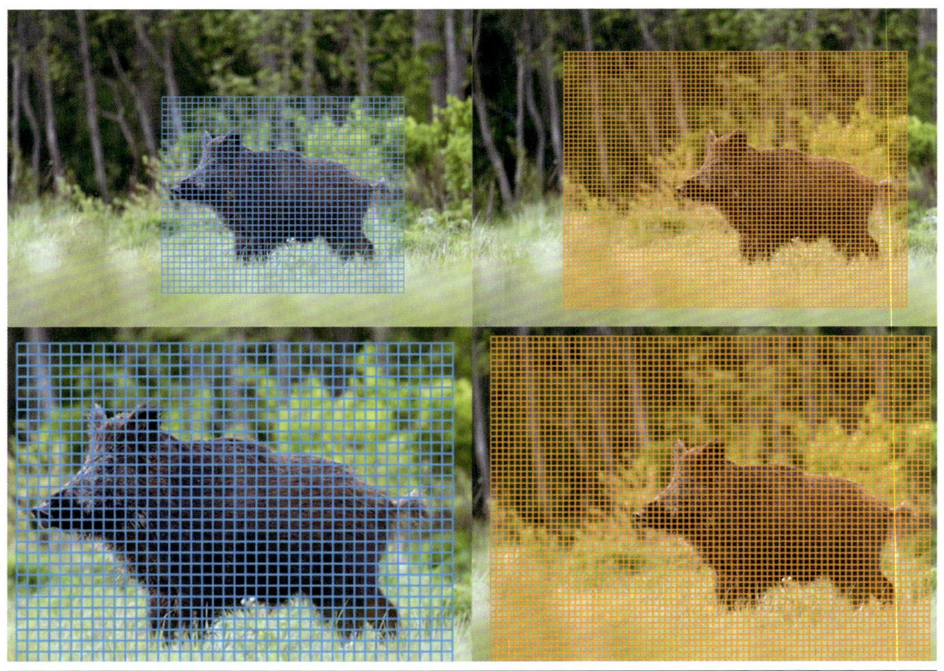

Je größer der verbaute Bildsensor in einem Wärmebildgerät ist, desto größer ist der Bildausschnitt, der mit dem Gerät beobachtet werden kann.

PIXELPITCH

Hinter dem Begriff Pixelpitch verbirgt sich die Angabe zur Größe eines einzelnen Pixels der Detektorzelle, die für die Bildwiedergabe verwendet wird. Der Pixelpitch wird in µm angeben und in der Werbung meist besonders hervorgehoben. Im kommerziellen Bereich ist aktuell ein Pixelpitch von 17 µm Standard, der Trend geht zu Geräten mit einem Pixelpitch von 12 µm. Ein niedrigerer Pixelpitch ist für den Jäger dabei grundsätzlich besser als ein höherer Wert, denn je kleiner ein Pixel, desto feinkörniger ist das Bild und somit auch detailreicher. Ein kleinerer Pixelpitch unterstützt somit eine detailliertere Bildwiedergabe bei Objekten, die auf weitere Entfernungen beobachtet werden. Dies kann nicht nur das Entdecken von kleineren Tieren ermöglichen, auch das Ansprechen von Wild wird damit erleichtert.
Der Bildsensor beziehungsweise dessen Größe ist momentan der entscheidende Kostentreiber beim Kauf eines Wärmebildgerätes. Die Bildsensorgröße gibt an, wie viele Pixel in Breite und Höhe zum Detektieren eines Bildes zur Verfügung stehen. Die Bildsensorgröße kann somit nicht herangezogen werden, um anzugeben, wie detailliert ein Bild wiedergegeben wird. Sie gibt dagegen an, wie groß der Bildausschnitt ist, der mit dem Sensor detektiert werden kann.
Der Zoom-Faktor gibt an, wie stark in das detektierte Bild digital hineingezoomt wurde. Auch hier spielt die Bildsensorgröße keine Rolle in Bezug auf den Detaillierungsgrad des wiedergegebenen Bildes. Die unterschiedlichen Zoom-Faktoren zeigen lediglich an, wie weit ein Bildausschnitt vergrößert werden kann beziehungsweise wie weit in das Bild hineingezoomt werden kann.
Oben zu erkennende Abbildung verdeutlicht, welche Auswirkungen die unterschiedlichen Faktoren auf das Bild haben. Auf dem Bild ist eine vereinfachte Darstellung zweier unterschiedlich großer Bildsensoren und dem daraus resultierenden mög-

lichen Detektionsbereich sichtbar. Der blaue Bereich zeigt die Fläche, die ein kleiner Bildsensor gleichzeitig detektieren kann und der orange Bereich die Detektionsfläche eines großen Bildsensors. Der wesentliche Unterschied liegt hier darin, wie viel Bildausschnitt gleichzeitig betrachtet werden kann.

THERMISCHE EMPFINDLICHKEIT (NETD)

Eine weitere häufig propagierte Kennzahl ist die thermische Empfindlichkeit der Wärmebildkameras. Die thermische Empfindlichkeit beziehungsweise thermische Auflösung (engl. Noise Equivalent Temperature Difference) beschreibt, wie klein der Temperaturunterschied sein darf, um von der Wärmebildkamera/ IR-Kamera noch aufgelöst zu werden. Der NETD-Wert wird in Mikrokelvin (mK/µK) angegeben und steht für den kleinsten möglichen Temperaturunterschied, den der Sensor detektiert und darstellt. Die meisten Mittelklassegeräte haben einen Wert ≤40 mk beziehungsweise ≤35 mk. Leistungsstarke Geräte haben mittlerweile einen NETD ≤25 mk.
Doch auf welches Qualitätsmerkmal hat dieser Wert einen Einfluss? Je kleiner der NETD, desto besser werden minimale Temperaturunterschiede dargestellt. Dies hat zur Folge, dass an besonders heißen Tagen, an denen die Umgebungstemperatur nahe der Temperatur des zu detektierenden Objektes liegt, kaum noch Unterschiede in der farblichen Darstellung zu erkennen sind. Das Bild wirkt dadurch verschwommener.

OBJEKTIVDURCHMESSER UND SEHFELD

Das Sichtfeld/Sehfeld einer Optik resultiert aus der Bildsensorgröße und dem Abstand des Bildsensors zum Objektiv beziehungsweise der Brennweite. Die Objektivlinse fokussiert das einfallende Infrarotlicht in einem Punkt hinter dieser Linse. Der Punkt, an dem sich alle durch die Objektiv-

An besonders heißen Tagen sind Wärmebildgeräte mit einem besonders niedrigen NETD-Wert im Vorteil. Damit lässt sich Wild auch bei hohen Umgebungstemperaturen beobachten.

An regnerischen Tagen oder bei Schneefall kann die Sicht durch ein Wärmebildgerät eingeschränkt sein.

linse gebündelten Lichtstrahlen schneiden, wird als Brennweite bezeichnet. Umso größer die Objektivlinse ist, desto mehr Infrarotstrahlung kann eingefangen werden. Dies macht sich besonders an regnerischen Tagen oder bei Schneefall positiv bemerkbar. Die kleinsten Objektive haben einen Durchmesser von 6,2 mm bis 13 mm. Leistungsstarke Geräte verfügen über Linsen mit bis zu 50 mm Durchmesser. Doch allein die Größe der Objektivlinse ist keine Garantie für eine gute Bildqualität, denn nur im Zusammenspiel mit einem großen Bildsensor kann das Gerät die Leistung der großen Linse abrufen beziehungsweise darstellen. Das Sehfeld einer Wärmebildkamera wird häufig in Winkeln oder Metern auf 100 m Entfernung angegeben. Die beiden Werte stehen dabei für die Breite und Höhe des Bildausschnittes, der auf 100 m Entfernung zu sehen ist. Ein großes Sichtfeld ist beim Beobachten auf kurze Distanz sehr hilfreich. Für das Schießen haben sich hingegen kleine Sehfelder für die meisten Schützen als bessere Variante herausgestellt. Das Sehfeld errechnet sich aus der Brennweite und der optischen Vergrößerung der Objektivlinse. Möchte man ein großes Sichtfeld haben, müssen Brennweite und optische Vergrößerung der Objektivlinse möglichst klein sein. Doch wieso haben dann qualitativ hochwertige Wärmebildkameras eine Objektivlinse mit hoher optischer Vergrößerung (rund 2,1 bis 2,9-fach)? Eine große optische Vergrößerung bringt eine bessere Bildqualität beim Beobachten auf große Entfernungen. Kurzum, das Sehfeld ist eine Angabe dafür, wie breit und hoch der sichtbare Bildausschnitt auf 100 m Entfernung ist. Die Angabe des Sehfeldes lässt keine direkten Rückschlüsse auf die Bildqualität zu.

DISPLAYVARIANTEN

Neben den vielen bereits erwähnten Kennzahlen machen die Hersteller häufig noch Angaben zu den Displays der Geräte. Wie bereits beschrieben, besitzen Wärmebildgeräte eine Objektivlinse, ein Mikrobolometer sowie einen Bildsensor. Diese Bauteile sorgen hintereinandergeschaltet dafür, dass das auftreffende (für uns Menschen unsichtbare) Infrarotlicht in ein sichtbares Bild umgewandelt wird. Dieses Bild wird auf einem Display ausgegeben, auf welches der Beobachter blickt, wenn er in das Okular der Wärmbildkamera schaut. Die verwendeten Displays haben unterschiedliche Auflösungen und Qualitäten. Grundsätzlich werden Displays mit LCOS und OLED-Technologie unterschieden. Die modernere Variante des elektronischen Displays ist das OLED-Display. Mit diesem Display werden deutlich bessere Helligkeits- und Kontrastwerte erreicht, weil OLED-Displays mit selbstleuchtenden Pixeln arbeiten, die keine Hintergrundbeleuchtung benötigen.

REICHWEITE

Reichweiten von Wärmebildgeräten werden häufig in Metern angegeben. In der Industrie hat man sich dafür auf die Johnson-Kriterien zur Ermittlung der Reichweite der Wärmebildoptik festgelegt. Dabei wurden drei Stufen der Pixelabdeckung eines Objektes (Mann 180 cm groß und 50 cm breit) definiert:

— Detektion, das Objekt wird erkannt (drei Pixel Abdeckung)
— Erkennung, Unterscheidung zwischen Menschen und anderen Wärmequellen (acht Pixel Abdeckung)
— Identifikation, Unterscheidung zwischen verschiedenen Personen möglich (15 Pixel Abdeckung)

Zahlreiche Hersteller nutzen zur Bewerbung ihrer Wärmebildgeräte die Angabe der Detektionsreichweite. Diese liegt nicht selten bei 600 m und mehr. Eine Information bezüglich der Bildqualität der beworbenen Geräte lässt sich dort jedoch nicht herauslesen. Der Wert gibt vielmehr an, auf welche Entfernung eine Wärmequelle gerade noch als solche wahrnehmbar ist. Im jagdlichen Einsatz bedeutet dies, dass Wild auf bis zu 600 m gerade noch so als Wärmequelle erkennbar ist. Das Ansprechen von Wildart oder gar Geschlecht und Alter ist in der maximalen Detektionsreichweite natürlich unmöglich.

VOR- UND NACHBEREITUNG DES SCHUSSES

Grundsätzlich ist festzuhalten, dass jeder Fehl- oder Krankschuss, der durch den Einsatz von Wärmebildtechnik verhindert wurde, den Kauf eines solchen Gerätes rechtfertigt. Die Stärke von Wärmebildgeräten liegt aus diesem Grund nicht beim Schuss selbst, sondern in der Vor- und Nachbereitung dessen. Die Beobachtungsreichweite mancher Geräte ist schon überragend. Auf mehrere Hundert Meter kann damit stehendes beziehungsweise wechselndes Wild frühzeitig beobachtet werden. Im Thermalbild sind selbst geringe Temperaturunterschiede durch die unterschiedlichen Wellenlängen erkennbar. An dieser Stelle sei erwähnt, dass die Detektionsfähigkeit des Wärmebildgerätes und dessen Leistungsfähigkeit natürlich maßgeblich von der Qualität des Geräts abhängt. Hohe Eindringtiefe in die Vegetation sowie die Durchdringung von Nebel und

Die maximale Detektionsreichweite gibt an, auf welche Entfernung eine Wärmequelle gerade noch so erkennbar ist.

Regen hängen von dem verwendeten Bildsensor, Software und dem Objektiv ab. Hat man ein Gerät, dessen Komponenten sehr gut miteinander harmonieren, ist das Wärmebildgerät als Detektionsgerät unschlagbar. Gegenüber dem menschlichen Auge ist ein Wärmebildgerät in diesem Punkt weit überlegen.

ANGESCHWEISSTE SAUEN – AUSGESCHLOSSEN!

Insbesondere bei der Beobachtung von beispielsweise einer kopfstarken Rotte Sauen bietet sich für den Jäger mit einem Wärmebildgerät ein entscheidender Vorteil: Der Standort aller Stücke kann blitzschnell erfasst und damit eine Gefährdung für weitere Stücke bei der Schussabgabe ausgeschlossen werden. Angeschweißte Sauen, die im Moment der Schussabgabe hinter dem eigentlich anvisierten Stück verhofften, werden damit ausgeschlossen. Die sichere Beurteilung des Kugelfangs ist mit einem Wärmebildgerät jedoch nicht möglich. Durch den nicht beziehungsweise kaum vorhandenen Temperaturunterschied im Gelände wirkt der Untergrund – unabhängig von der Entfernung zum Beobachter – einheitlich. Eine gute Revierkenntnis und Orientierungsfähigkeit des Jägers ist deshalb insbesondere bei der Nachtpirsch von großer Bedeutung. Nach dem Schuss bieten Wärmebildgeräte für den Jäger einen weiteren entscheidenden Vorteil: Wild – egal ob beschossen oder nicht – kann selbst über große Distanzen weiter beobachtet werden. Auch beim Auffinden der Beute kann ein Wärmebildgerät dem Jäger aus diesem Grund gute Dienste erweisen. Frisch verendete – und damit noch warme – Stücke lassen sich so selbst in unübersichtlichem Gelände häufig bei völliger Dunkelheit finden. Ist das beschossene Stück mit hoher Wahrscheinlichkeit in einer Wiese oder auf einem frisch aufgelaufenen Kahlschlag verendet, bietet es sich an, dass der Jäger von einem erhöhten Punkt (Kanzel, Ansitzleiter) Einblick in die Fläche bekommt. So ist die Wahrscheinlichkeit deutlich höher, dass der Beobachter zumindest teilweise „freien" Blick auf seine Beute bekommt und damit das Stück rasch findet.

Häufig verfügen Wärmebildgeräte über eine Videofunktion. Damit kann der Moment der Schussabgabe wiederholt angeschaut und Rückschlüsse auf den Treffersitz gezo-

Um den Überblick in einer kopfstarken Rotte zu behalten, ist ein Wärmebildgerät sehr hilfreich.

gen werden. Insbesondere bei anfallenden Nachsuchen bietet das einen entscheidenden Vorteil! Denn sollte das Stück nicht im Schuss gelegen haben, können so zusätzlich Informationen bezüglich Fluchtrichtung, Fluchtgeschwindigkeit sowie des Treffersitzes eingeholt werden. Dies erleichtert eine potenzielle Nachsuche erheblich!

WÄRMEBILDDROHNEN

Ein weiteres wichtiges Anwendungsfeld für Wärmebildtechnik im jagdlichen Einsatz ist die Wildrettung beziehungsweise Wilddetektion. Wer das nötige Geld hat, kann eine Wärmebildkamera unter einer Drohne beispielsweise dazu nutzen, im Vorfeld der Mahd Wild (vor allem Rehkitze, Hasen, Gelege) aufzuspüren und vor dem meist sicheren Tod in der Mähmaschine zu bewahren.

Vorteile von Wärmebildgeräten:

- Im Unterschied zu Restlichtverstärkern können Wärmebildgeräte umgebungslichtunabhängig eingesetzt werden. So bietet sich für den Jäger die Möglichkeit, Wild sowohl am Tag als auch in finsterster Nacht zu beobachten. Insbesondere bei der Jagd im Wald sollte dieser Vorteil nicht unterschätzt werden. Denn Wild lässt sich so in der dichten Vegetation deutlich leichter entdecken.
- Wärmebildgeräte sind nicht nur tageslichtunabhängig einsetzbar, auch Witterungseinflüsse wie Nebel oder Regen beinträchtigen die Nutzung der Geräte (in Abhängig der Qualität des Bildsensors) nur in geringem Umfang.
- Durch den Einsatz von Wärmebildtechnik kann Wild vor der Mahd von Wiesen oder anderen landwirtschaftlichen Kulturen gefunden und vor dem Mähtod gerettet werden.
- Wohl größter Vorteil von Wärmebildgeräten liegt im Auffinden von Wild in finsterster Nacht. Wildtiere sind teils über mehrere Hundert Meter Entfernung zu erkennen und können dann vom Pirschjäger gezielt angegangen werden.
- Weiterer Vorteil bietet sich während der Schussabgabe: Eine Gefährdung von Stücken, die sich in naher Umgebung des zu beschießenden Stückes im Moment der Schussabgabe befinden, kann dadurch ausgeschlossen werden. Denn durch die leichte Sichtbarkeit von Wildtieren – beispielsweise in einer kopfstarken Rotte Sauen – ist die Situation für den Schützen leichter überschaubar.

Wärmebilddrohnen können genutzt werden, um Wiesen vor der Mahd abzufliegen, um so beispielsweise Rehkitze vor dem Mähtod zu bewahren.

WÄRMEBILDGERÄTE-MONTAGEN

Über die Nutzung der Handgeräte hinaus existieren Geräteträger, die mittels Magneten, Saugnapf oder anderen Halteelementen beispielsweise am Auto oder der Kanzel angebracht werden können. Dieser Geräteträger nimmt die Wärmebildkamera auf und das Bild wird über WLAN auf das Smartphone oder einen anderen Bildschirm übertragen. Die Beobachtungen der Wärmebildkamera sind so für mehrere Jäger gleichzeitig sichtbar. Der Geräteträger sorgt dafür, dass der Jäger seinen Standort nicht verändern muss, solange die Entfernung eine WLAN-

Das Beobachtungsgerät wird auf der Halterung montiert. Es lässt sich dann per Fernsteuerung drehen und kippen.

Verbindung zwischen Wärmebildkamera und Display zulässt. Mittels einer Fernsteuerung kann die Kamera auf dem Geräteträger um 360° gedreht und in begrenztem Maße auch gekippt werden. So kann das Gerät auch in leicht kupiertem Gelände eingesetzt werden. Weiterhin können feste Detektionssektoren eingestellt werden, die der Geräteträger samt Wärmebildgerät dann kontinuierlich „abglast“. Auf einem Autodach montiert, kann der Jäger somit im Fahrzeug verharren und die Umgebung in der Nacht nach Wild absuchen. In offenen Feldrevieren kann eine solche Montierung eine deutliche Erleichterung zum Auffinden von Schwarzwild sein. Dazu positioniert sich der Jäger auf einem möglichst exponierten Punkt im Feldrevier, von dem viele Hundert Meter rundum eingesehen werden können. Die eigene Wittrung verbleibt bei der Beobachtung im Fahrzeug. Auch die Störfaktoren durch den auf der Suche nach Wild durchs Revier pirschenden Jäger unterbleiben. Erst wenn die Zielwildart Schwarzwild ausgemacht wurde, werden die Schwarzkittel gezielt angegangen. Dieser hochtechnisierte Weg zur Sauensuche ist insbesondere für Revierpächter gedacht, die in großen Feldrevieren teils mit sehr hohen Wildschäden belastet sind. In der schadensträchtigen Zeit des Jagdjahres kann damit gezielt im Feldbereich Beute gemacht werden, um die Schwarzkittel zu vergrämen. Weitere mögliche Einsatz-

Über das Display können beispielsweise Detektionssektoren hinterlegt werden.

gebiete sind Gebiete, in denen das Schwarzwild beispielsweise von der Afrikanischen Schweinepest befallen ist. Um die Tierseuche zu bekämpfen, gilt es dann, in kurzer Zeit viel Beute zu machen. Bei gelegentlich im Revier vorhandenen Sauen macht die Anschaffung hingegen keinen Sinn. In Niederwildrevieren kann eine solche Montierung jedoch beispielsweise bei der Hasenzählung eine deutliche Erleichterung sein.

DIGITALE UND ANALOGE NACHTSICHTGERÄTE

Grün schimmernd liegt der Wald bei Neumond, als eine Rotte Sauen aus der Dickung direkt auf die Kirrung wechselt. Was für ein herrlicher Anblick! Die Stücke sind in 50 m Entfernung für den Jäger klar zu erkennen. Nacheinander werden alle Stücke sorgfältig angesprochen. Diese wohl jedem Jäger bekannten, markant grün gefärbten Bilder entstammen der Beobachtung durch Restlichtverstärker, die bekannteste Form der Nachtsichtgeräte. Viele Jäger, die einmal mit einem solchen Gerät bei der nächtlichen Sauenjagd unterwegs waren, werden Restlichtverstärker nicht mehr missen wollen. Bieten sie doch insbesondere in puncto Ansprechen einen entscheidenden Vorteil gegenüber Wärmebildgeräten! Da man durch eine Nachtsichtoptik die Umgebung ähnlich einer Tageslichtoptik wahrnimmt, kann man den Wildkörper, das Geweih/Gehörn, das Gewaff usw. deutlich besser ansprechen als es mit einem Wärmebildgerät möglich ist.

Restlichtverstärker als Nachtsichtgeräte (analoge Nachtsichtgeräte) funktionieren, wie der Name besagt, nach dem Prinzip, bereits vorhandenes Licht so zu verstärken und umzuwandeln, dass es für das menschliche Auge sichtbar wird. Dabei wird schwaches vorhandenes Restlicht, vor allem aber für uns Menschen nicht sichtbares Infrarotlicht ab einer Wellenlänge von rund 700 nm eingefangen, elektronisch verstärkt und in für das Auge sichtbares Licht umgewandelt. Im Kern basiert diese Technologie immer auf einer Fotokathode, welche das zentrale Bauteil eines restlichtverstärkenden Gerätes ist.

Auf dem im Fahrzeug befindlichen Display wird das Bild der Wärmebildkamera angezeigt.

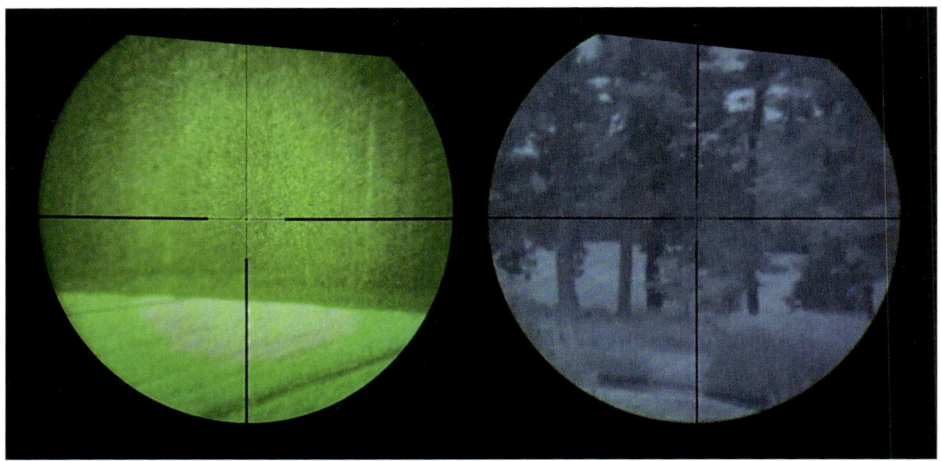

Die Farbgebung in einem Nachtsichtgerät hängt von der verbauten Röhre ab.

Durch die einfallenden Lichtstrahlen werden aus ihr vereinzelte Elektronen herausgelöst, die elektrisch weitergeleitet beziehungsweise beschleunigt werden, bis sie auf einen Licht- beziehungsweise Phosphorschirm treffen. Dort wird der elektronische Abdruck wieder in ein Lichtbild umgewandelt und über ein Okular vergrößert an das Auge, als typisch grün schimmerndes Bild, weitergegeben. Neben dem typischen grünen Bild (P22 genannt) gibt es noch eine grün-gelbliche Darstellung (P43) sowie eine schwarz-weiße Röhre, auch Onyx oder BW genannt.

Diese grundlegende Funktionsweise ist bei allen Bildverstärkergeräten identisch. Jedoch gibt es Unterschiede in der Technik, die zu hervorragenden Bildern beziehungs-

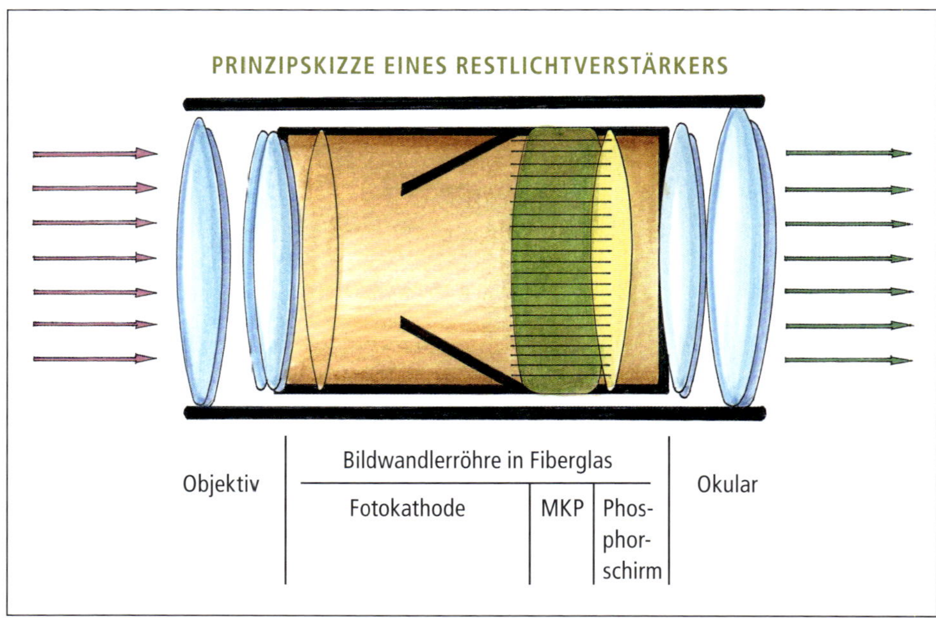

Einfallendes Licht (links) wird auf dem Weg durch das Nachtsichtgerät hin zum Auge (rechts) verstärkt.

weise schlechteren Darstellungen führen und somit auch maßgeblich die Qualität und den Preis des Produktes bestimmen.

„RESTLICHTVERSTÄRKER-EVOLUTION"

Klassischerweise werden Restlichtverstärker – je nach verwendeter Technik – in „Generationen" eingeteilt. Mittlerweile sind wir bei Generation 4 angekommen, worunter die aktuell modernsten Geräte fallen. Die 1. Generation von Restlichtverstärkern funktioniert nach der zuvor beschriebenen Funktionsweise, ist aber nach dem heutigen Stand der Technik bei Weitem überholt. Bei diesen Geräten kann es passieren, dass sie nach dem Ausschalten noch nachleuchten. Röhren der 2. Generation kennzeichnet das Vorhandensein einer Mikrokanalplatte. Hinter der Fotokathode befindet sich eine dünne Glasplatte, die Millionen von winzigen Röhren aufweist, durch die die Elektronen hindurch müssen. Diese winzigen Kanäle sind dabei um einige Grad geneigt, so dass die Elektronen auf ihrem Weg zwangsläufig auf die Wände treffen. Dort lösen sie aus einer elektrochemischen Beschichtung weitere Elektronen heraus. Bis zu 1000-fach vervielfältigt treffen die Elektronen damit auf den Phosphorschirm, der nun ein wesentlich stärkeres Bild produziert. Damit beruht diese Funktionsweise im Wesentlichen auf der Vervielfältigung der Elektronen.
Die 3. Generation besitzt als zentrales Bauteil eine chemisch beschichtete Fotokathode, die mit einem Galliumarsenid (GaAs) Gemisch beschichtet ist. Im Unterschied zu den anderen mit Kalium, Natrium, Cäsium und Silber beschichteten Fotokathoden sind sie besonders empfindlich und erzeugen ein wesentlich helleres Bild. Diese Technik wurde in den USA entwickelt und in dieser Form insbesondere dort bei Nachtsichtgeräten genutzt. Röhren der 4. Generation wurden um das Jahr 2000 ebenfalls in den USA entwickelt. Sie werden dort heute aber teilweise nicht mehr als solche bezeichnet. In Europa sind diese Geräte nicht erhältlich. Sie spielen deshalb im jagdlichen Einsatz bei uns in Deutschland keine Rolle, so dass wir

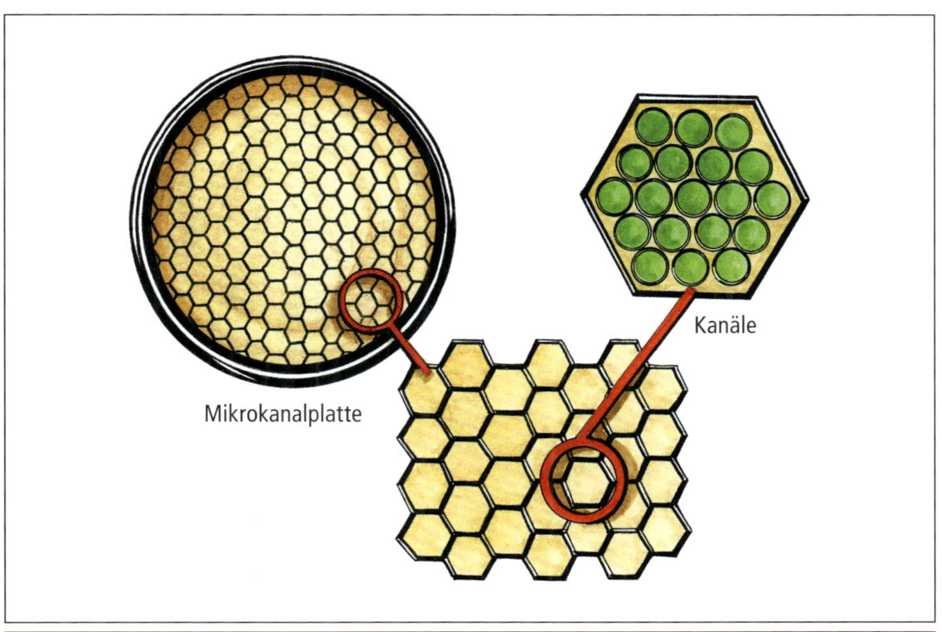

Durch die Mikrokanalplatte wird das einfallende Restlicht massiv verstärkt.

im Folgenden nicht näher darauf eingehen werden.
Wie bereits zuvor beschrieben, soll die Generationsstufe des jeweiligen Gerätes den Stand der Technik angeben. Dabei ist aber ausdrücklich zu betonen, dass die Kennzeichnung mit einer bestimmten Generation noch allein kein Qualitätsmerkmal ist! Die Bezeichnungen sind weder geschützt noch stellen sie Normen in der technologischen Leistung dar. Besonders in den USA sind die Generationenbezeichnungen eher als Marketingstrategie zu verstehen, um die höhere technische Ausgereiftheit des Produktes offenkundig zu machen. In Europa werden heute vor allem Röhren auf Basis der Funktionsweise der 2. Generation hergestellt, vertrieben und verwendet. Diese Geräte wurden dabei kontinuierlich weiterentwickelt und verbessert. Sie tragen die Bezeichnung 2+ oder SuperGen.
Dabei wurden die einzelnen Komponenten der Geräte so verbessert, dass sie als Einheit hervorragende Leistung bringen. So wurden Röhren neu entwickelt, die Lichtempfindlichkeit erhöht, die Mikrokanalplatten auf bis zu 12 Millionen Kanäle aufgewertet, die Phosphorschirme verbessert, Objektiv und Okular darauf abgestimmt und Nahfokussierungen integriert. Ebenfalls besitzen moderne Geräte dieser Bauart einen integrierten Blendschutz, sodass sie bei zu starkem Lichteinfall (Tageslicht, Scheinwerfer, etc.) nicht beziehungsweise wesentlich weniger „verblitzen" und dabei die Fotokathode nicht beschädigt wird, wie es bei älteren Geräten der Fall war. In ihrer Lichtempfindlichkeit wurden die Röhren so angepasst, dass eine Verschiebung in Richtung des Infrarotspektrums erfolgte. Damit ist nur noch geringes Restlicht (z. B. durch den Mond) vonnöten, um bei Nacht im Restlichtverstärker noch ein jagdlich brauchbares Bild darzustellen. Gleichzeitig wurde die Lichtempfindlichkeit erhöht. Das unangenehme grün, grelle Eigenleuchten der Röhren wurde reduziert.

LEISTUNGSMERKMALE MODERNER RESTLICHTVERSTÄRKER

Um nun ein gutes, restlichtverstärkendes Nachtsichtgerät zu bekommen, sollten nachfolgende Kriterien nacheinander abgeklopft werden. Zunächst gilt es, das Gerät anhand seiner technischen Ausreifung zu bewerten. Dabei helfen oft die Daten des Herstellers. In den meisten Fällen wird die jeweilige Röhrengeneration angegeben. Weiterhin wird oft die Bezeichnung der jeweiligen Röhre angegeben. Röhren mit der Bezeichnung XD-4 oder XR-5 haben sich auf dem Markt mittlerweile fest etabliert und liefern zuverlässig höchste Leistungen. Es muss jedoch immer beachtet werden, dass jede Röhre ein Unikat ist und selbst Modelle gleicher Serie und Bauart unterschiedliche Leistungen bringen. Weiterhin beeinflussen alle atmosphärischen Einwirkungen wie Temperatur, Niederschlag, Mondlicht, usw. die Leistungen der Geräte, sodass Abweichungen unter verschiedenen Einsatzbedingungen auftreten können.

LICHTEMPFINDLICHKEIT

Dennoch gibt es technische Werte, die das Leistungsvermögen eines Restlichtverstärkers kennzeichnen. Als Erstes ist hier die spektrale Empfindlichkeit zu nennen. Je höher dieser Wert (z. B. ab 900 nm) ist, desto weniger ist das Gerät von externen Lichtquellen wie beispielsweise dem Mondlicht abhängig.
Als Nächstes gilt es, die Lichtempfindlichkeit der Fotokathode zu bewerten. Modelle der 3. Generation können hier Empfindlichkeiten von über 2500 µA/lm aufweisen, wogegen Modelle der 1. Generation es auf rund 230 µA/lm bringen. Geräte mit Werten von 500 bis 600 µA/lm sind für den jagdlichen Einsatz jedoch völlig ausreichend. Bereits Geräte aus der 2. Generation liegen in diesem Leistungsbereich. Da nicht allein die Lichtempfindlichkeit der Fotokathode die Qualität des Bildes bestimmt, muss nicht zwingend ein höherer Wert angestrebt werden.

BILDAUFLÖSUNG UND RAUSCHVERHÄLTNIS

Besonders kommt es aber nun auf die Werte für die Bildauflösung, den Signal-Rauschabstand und das Eigenleuchten der Röhre an. Die Bildauflösung wird in lp/mm angegeben und beziffert, wie stark und hell das Bild für den Menschen erscheint. Werte von 40 bis 50 lp/mm sind dabei bereits besonders gut, wobei es heute schon Geräte gibt, die Spitzenwerte von bis zu 80 lp/mm erzielen.
Der Signal-Rauschabstand gibt das Rauschverhältnis an, das bei der Signalübertragung unweigerlich entsteht und eine Art Hintergrundrauschen ergibt. Je höher dieser Wert ist, der entweder in S/R oder S/N angegeben wird, desto weniger unangenehmes Hintergrundrauschen wird das Bild negativ beeinflussen. Dies ist besonders in dunklen Nächten im dichten Wald entscheidend, da ein schwaches Bild vom Hintergrundrauschen völlig verschluckt werden könnte.
Als Qualitätsmerkmal lassen sich diese beiden Werte miteinander multiplizieren. Daraus ergibt sich ein Wert, der in den USA als FOM bezeichnet wird. In Europa findet dieser Wert meist kaum Beachtung. Zu Unrecht! Denn für den interessierten Jäger bietet er auch hierzulande eine Orientierungshilfe bei der Auswahl eines Restlichtverstärkers. Der FOM-Wert gibt den Leistungswert einer Röhre an: FOM = Signal-Rauschabstand x Bildauflösung = S/N x lp/mm.
Liegt dieser Wert oberhalb 1.600, würde eine solche Röhre in den USA einem Exportverbot unterliegen und dürfte auch nicht an NATO-Mitgliedsländer weitergegeben und verkauft werden. Als indirektes Qualitätsmerkmal lässt sich damit auch in Deutschland und Europa abschätzen, in welchem Leistungsspektrum sich ein einheimisches Produkt bewegen würde. Werte, bei denen der FOM die Marke von 2.000 übersteigt, sind dabei wirkliche Spitzenprodukte.

EIGENLEUCHTEN UND LEBENSDAUER

Als Nächstes sollte das Eigenleuchten der Röhre betrachtet werden. Dies ist dahingehend wichtig, dass das Bild durch das eigentliche grüne Leuchten zu stark aufgehellt oder überlagert werden kann. In dunklen Nächten ist es daher möglich, dass zwar ein helles grünes Bild jedoch ohne jeglichen Kontrast und Inhalt wiedergegeben wird. Das Eigenleuchten wird in µlx angegeben und sollte so klein wie nur möglich sein. Allerdings geben viele Hersteller diesen Wert nicht offensichtlich an. Bei direktem praktischem Vergleich kann das Eigenleuchten der Röhren jedoch gut vom Jäger selbst beurteilt werden. Dazu wird das Objektiv des Restlichtverstärkers beispielsweise mit der Hand vollständig abgedeckt und das Gerät anschließend eingeschaltet. Je grüner und heller das nun widergegebene Bild erscheint, desto stärker ist das Eigenleuchten.
Zu guter Letzt ist ebenfalls ein Blick auf die angegebene Lebensdauer der Röhren zu werfen. Moderne Nachtsichtgeräte sollten dabei im Bereich von 10.000 bis 15.000 Betriebsstunden liegen. Selbst bei ordnungsgemäßer Benutzung büßen Röhren im Verlauf ihres Lebens an Leistung ein. Deshalb sollte beim Kauf eines Restlichtverstärkers auf eine möglichst hohe Lebensdauer der verwendeten Röhren geachtet werden. Vor allem aufgrund dieses beschriebenen „Alterns" der Röhren ist der Kauf von gebrauchten Restlichtverstärkern immer mit einem gewissen Risiko verbunden, weiß der potenzielle Käufer doch niemals, wie lange das Objekt der Begierde wirklich im Einsatz war.
Neben dem Stand der Technik ist auch die Bauart der Geräte ein wesentlicher Punkt bei der Auswahl eines Restlichtverstärkers. Dabei hat der Jäger die Wahl zwischen monokularen sowie binokularen Geräten. Binokulare Geräte wie Nachtsichtferngläser ermöglichen ein langes, ermüdungsfreies Beobachten. Sie eignen sich hervorragend

Moderne Nachtsichtgeräte sind auf wenig Umgebungslicht angewiesen, um noch ein jagdlich brauchbares Bild zu liefern.

für das stationäre Jagen wie beispielsweise beim Ansitz an der Kirrung oder auf dem Drückjagdbock im freien Feld. Monokulare Geräte sind hingegen deutlich kleiner und kompakter. Sie erlauben einen schnellen Blick auf der Pirsch bei einem kurzen Zwischenhalt im Gelände. Weiterhin sind sie durch ihre kompakte Form auch relativ leicht. Bei ausgedehnten Pirschgängen stellen sie deshalb keinen unnötigen Ballast dar. Spezielle Nachtsichtbrillen eignen sich sogar für den dauerhaften Einsatz. Mit einer Nachtsichtbrille ist es sogar erlaubt und praktisch möglich, unter Wegfall eines integrierten Infrarotstrahlers, über ein Rotpunktvisier unter Nachtsehfähigkeit zu schießen. Zudem ist in den meisten Bundesländern der Einsatz von Nachtsichtgeräten als Vorsatzgerät erlaubt. Gesetzliche Regelungen unterliegen jedoch einem stetigen Wandel. Mit den jeweils gültigen landesrechtlichen Rahmenbedingungen muss sich daher jeder Jäger vor dem Kauf sowie Einsatz der Geräte vertraut machen!
In der Praxis kommt es beim jeweiligen Nachtsichtgerät nicht zwangsläufig auf die absoluten technischen Spitzenwerte des Gerätes an. Viel wichtiger ist es, eine ausgeglichene Balance zwischen den jeweiligen Eigenschaften zu finden und diese auf den Einsatzzweck abzustimmen. Für den jagdlichen Gebrauch sind aus unserer Sicht dabei folgende Dinge entscheidend: Bei Nacht auf Entfernungen bis 100 m müssen Rauschverhältnis, Eigenleuchten und Bildauflösung so aufeinander abgestimmt sein, dass auch bei wenig Mondlicht im Wald ein kontrastreiches, ruhiges Bild entsteht, mit dem sich Details erkennen lassen. Damit muss der Jäger in der Lage sein, Wild vor dem Schuss klar und zweifelsfrei anzusprechen.

DIGITALE RESTLICHT-VERSTÄRKER

Bei der digitalen Nachtsichttechnologie wird ebenfalls das in der Umgebung befindliche Restlicht verstärkt. Allerdings sind in den Geräten keine Bildwandlerröhren verbaut, sondern moderne charge-coupled device (CCD)- oder complementary metal-oxide-

semiconductor- (CMOS) Sensoren. Diese Sensoren sind bereits seit vielen Jahren im Bereich der Fotografie im Einsatz. Sie wurden über die Zeit hinweg stetig weiterentwickelt, so dass sie heute auch beim nächtlichen Einsatz sehr gute Leistungen bringen.
Ein solcher Sensor besteht aus einer Matrix lichtempfindlicher Fotodioden. Vorteil der Fotodioden ist, dass sie eine Kantenlänge von 1,1 μm bis 20 μm haben können. Je größer die Fläche jeder einzelnen Fotodiode ist, desto höher ist die Lichtempfindlichkeit und der Dynamikumfang des Sensors. Allerdings haben große Fotodioden auch den Nachteil, dass bei gleicher Sensorgröße die Bildauflösung kleiner wird. Durch den breiten Kantenlängenbereich haben die Ingenieure allerdings die Möglichkeit, ein gutes Verhältnis von Auflösung zu Lichtempfindlichkeit herzustellen.
CCD- und CMOS-Sensoren sind meist günstiger in der Herstellung und somit wird auch das gesamte Nachtsichtgerät etwas günstiger als analoge Nachtsichtgeräte. Ein Nachteil der digitalen Nachtsichttechnologie ist, dass sie noch nicht ganz auf die Verstärkungswerte des Lichtes wie in analogen Geräten herankommen. Aus diesem Grund kann die Nutzung von Infrarotaufhellern (Gesetzeslage beachten!) zum Beobachten oder Schießen notwendig sein.

HÄUFIGE FRAGEN

Im Rahmen unserer Praxisseminare zum Thema „Nachtjagd" werden von den Teilnehmern häufig identische Fragen in diesem Themenbereich gestellt. Nachfolgend eine Beantwortung der wichtigsten drei Fragen:

Wärmebild- oder Nachtsichttechnik – was ist besser? Beide Technologien besitzen spezifische Vor- und Nachteile. Deshalb ist keine pauschale Beantwortung dieser Frage möglich. Erster wichtiger Aspekt zur Beantwortung der Frage ist der überwiegende Einsatzzweck des anzuschaffenden Geräts.

Auffinden von gestrecktem Wild: Die Verwendung eines Wärmebildgerätes erlaubt es dem Nutzer, unmittelbar nach Abgabe des Schusses den Anschuss zu untersuchen und den noch warmen Schweiß zu entdecken. Die Zeit zwischen Schussabgabe und Anschussuntersuchung muss dafür jedoch möglichst kurz sein! Denn schon nach kurzer Zeit hat die geringe Menge Schweiß am Anschuss die Umgebungstemperatur angenommen. Damit ist er im Wärmebildgerät für den Jäger nicht mehr sichtbar. Wär-

Frisch erlegtes Wild lässt sich mit Wärmebildgeräten deutlich einfacher entdecken als mit Restlichtverstärkern.

Bei der Hasenzählung leistet Wärmebildtechnik ebenfalls gute Dienste.

mebildtechnologie erleichtert es deutlich, erlegtes Wild selbst auf großen Flächen rasch aufzufinden. Kürzlich erlegte Stücke „leuchten“ im Wärmebildgerät genau so stark, wie noch lebendes Wild. Von einem erhöhten Punkt aus lässt sich die Beute somit rasch finden.

Wildtierzählungen:

Die meisten Wildarten verlagern ihre Aktivität aufgrund des hohen Freizeitdrucks in die Nacht. Mithilfe der Nachtsicht-/Wärmebildtechnologie kann das Wild leichter gefunden, beobachtet und somit gezählt werden. Die Verwendung eines starken Scheinwerfers zur Zählung von Wildtieren bei Nacht ist mit dieser Technik nicht mehr notwendig. Mit der starken Lichtquelle einhergehende Beunruhigung des zu zählenden Wildes und anderer Wildtierarten bei Nacht wird durch Wärmebild- beziehungsweise Nachtsichttechnik demnach vermieden.

Im Seuchenfall sollte die Bejagung des Schwarzwildes intensiv sein. Dabei kann Wärmebild- sowie Nachtsichttechnik genutzt werden.

Intensivierung der Jagd (ASP-Prävention, Wildschadensvermeidung)

Die zunehmenden Schwarzwildpopulationen führen in unseren modernen Kulturlandschaften zu massiven Wildschäden. Zeitmangel und wenige Vollmondtage im Jahr erschweren die effektive Schwarzwildbejagung. Die Ausbreitung der Afrikanischen Schweinepest (ASP) erfordert eine zunehmende Regulierung der Schwarzwildbestände. Durch die Wärmebild- und Nachtsichttechnologie kann die Jagd auf das Schwarzwild unabhängig von den Tageszeiten erfolgen. Unter Berücksichtigung des angestrebten Einsatzzweckes müssen die Vor- und Nachteile der verschiedenen Geräte verglichen werden, um die bessere Technik für den persönlichen Einsatzzweck zu bestimmen. Im Folgenden deshalb die Vor- und Nachteile auf einen Blick:

WÄRMEBILD

Vorteile:

— Eine kontrastreiche Darstellung vereinfacht das Auffinden von Wärmesignaturen und damit Wildtieren erheblich.
— Bei Tag und Nacht einsetzbar.
— Kein Restlicht oder zusätzliche Lichtquellen werden benötigt.
— Weitestgehend witterungsunabhängig.
— Geringere Alterung der verwendeten Mikrobolometer beziehungsweise Displays.
— In der Regel leichter als Nachtsichtgeräte.

Nachteile:

— Hoher Energieverbrauch (durchschnittliche Akkulaufzeit: drei bis fünf Stunden).
— Entfernungen sind kaum einschätzbar.
— Erschwertes Ansprechen von Geweihen beziehungsweise Gehörnen. Auch das Ansprechen des Wildkörpers ist im Vergleich zu Nachtsichttechnik erschwert.
— Vorsatzgeräte müssen eingeschossen beziehungsweise justiert werden.
— Die Beobachtung durch Fensterscheiben (Hochsitze), bestehend aus Glas oder Plexiglas, ist mit den Geräten nicht möglich.
— Hohe Umgebungstemperaturen sowie eine hohe Luftfeuchtigkeit vermindern die Detailtiefe des Bildes.
— Nicht jede Vegetation, die zwischen Jäger und Wild vorhanden ist, kann vollständig wahrgenommen werden. Hier empfiehlt sich die Verwendung des black-hot Modus. Damit sind Äste und andere Vegetationsteile deutlich leichter wahrnehmbar.

NACHTSICHT

Vorteile:

— Niedrigerer Energieverbrauch.
— Detailreiches Bild, welches sofort nach Einschalten des Gerätes zur Verfügung steht.
— Geweihe und Gehörne können angesprochen werden.

Wärmebildtechnik ist nicht auf Restlicht aus der Umgebung angewiesen. Sie kann selbst bei vollkommener Dunkelheit genutzt werden.

- Bei Restlichtverstärkern mit Elektronenröhre ist meistens kein Einschießen von Vorsatzgeräten notwendig. Dennoch sollte vor der Jagd ein Probeschuss gemacht werden, um die Treffpunktlage zu kontrollieren.

Nachteile:

- Die Elektronenröhre verliert über die Dauer der Nutzung an Leistung.
- Witterungsabhängig: Nebel oder gar starker Regen beeinträchtigen das Bild erheblich!
- Nachtsichttechnologie ist auf Restlicht aus der Umgebung angewiesen.
- Einsatz nur bei Nacht möglich. Bei Nutzung am Tag kann es zu Beschädigungen an den Geräten kommen.

FAZIT

Beide Technologien können – je nach angestrebtem Verwendungszweck – ihrem Gegenüber deutlich überlegen sein. Die Wildtierbeobachtung und das Aufspüren von Wild erfolgt nach unserer Erfahrung am besten unter Verwendung von Wärmebildgeräten. Bei Wahl des „richtigen" Darstellungs-Modus sind Wildtiere im Bild des Wärmebildgeräts schon auf den ersten Blick erkennbar. Der Jäger kann sich damit auf einem exponierten Ort mit guter Übersicht im Revier positionieren und bei Drehung um die eigene Achse die gesamte einsehbare Fläche ruckzuck nach Wild „abscannen". Wenn es jedoch in erster Linie darum geht, Wildtiere genau anzusprechen und auch auf Geweih- beziehungsweise Gehörnmerkmale zu achten, ist ein Nachtsichtgerät im Vorteil. Auf den detailreichen Bildern sind winzige Details am Wildkörper gut zu erkennen. Weiterhin kann mit Nachtsichtgeräten die Hintergrundgefährdung bestens beurteilt werden. Aus unserer Sicht eignet sich Nachtsichttechnik deshalb hervorragend zur Verwendung in einem Vorsatzgerät. Doch die technische Entwicklung macht natürlich keinen Halt! Die jüngste Generation von Wärmebildgeräten liefert mittlerweile Bilder, auf denen auch Geweihe gut sichtbar und damit ansprechbar sind. Weiterhin verfügen viele dieser Geräte über sta-

Bei Wärmebildvorsätzen kann die variable Vergrößerung des Zielfernrohrs nur begrenzt genutzt werden.

Hochwertige Nachtsichtvorsatzgeräte liefern ein ähnliches Bild wie Tageslichtoptiken.

diametrische Entfernungsmesser, mit deren Hilfe der Jäger die Entfernung zum Wild ermitteln kann.

Vorsatz- oder Nachsatzgerät – was ist besser? Auch diese Frage kann nicht pauschal beantwortet werden. Deshalb folgt auch an dieser Stelle eine Auflistung der Vor- sowie Nachteile des jeweiligen Bautyps. Nach Abwägung dieser Vor- sowie Nachteile muss jeder Jäger selbst entscheiden, welches das für ihn geeignete Gerät ist.

WÄRMEBILDVORSATZGERÄTE

Vorteile:

- Diese Geräte besitzen häufig eine Video- beziehungsweise Fotofunktion.
- Die allgemeinen Vorteile eines Wärmebildgerätes treffen hier ebenso zu.
- Umgebungslichtunabhängig einsetzbar.

Nachteile:

- Diese Geräte müssen meist justiert und eingeschossen werden, da der Anwender auf ein Display schaut.
- Anwender können nur einen moderaten Vergrößerungsbereich der gesamten Optik nutzen.
- Das Wild kann nur erschwert angesprochen werden.
- Hindernisse werden nicht in jedem Fall erkannt.
- Die Hintergrundgefährdung (Kugelfang) kann nicht immer einwandfrei beurteilt werden.
- Entfernungen können kaum geschätzt werden.

NACHTSICHTVORSATZGERÄTE (ANALOG)

Vorteile:

- Das Wild kann gut angesprochen werden.
- Die Beurteilung der Hintergrundgefährdung ist gut möglich.
- Hindernisse können sicher erkannt werden.
- Analoge Nachtsichtvorsatzgeräte müssen nicht eingeschossen werden.

Nachteile:

- Die Qualität der Sicht ist abhängig vom Restlicht und der Witterung.
- Die meisten Geräte besitzen keine Video- beziehungsweise Fotofunktion.
- Der Vergrößerungsbereich ist auch in diesem Fall eingeschränkt

NACHTSICHTNACHSATZGERÄTE

Vorteil:

— Der volle Vergrößerungsbereich der Tageslichtoptik kann genutzt werden.

Nachteile:

— Der Augenabstand wird verringert, außer das Zielfernrohr wird weiter vorne an der Waffe montiert.

— Das Bild eines Nachsatzgerätes ist im Vergleich zu einem Vorsatzgerät anders, da das einfallende Restlicht zunächst das Zielfernrohr passiert. Zudem kann es bei Zielfernrohren der oberen Preisklasse zu deutlichen Einbußen in der Bildqualität kommen, da die Linsen hochwertiger Optik häufig mit einer IR-Strahlen absorbierenden bzw. mindernden Vergütung versehen sind.

— Nachsatzgeräte benötigen meist einen Parallaxenausgleich.

— Der Leuchtpunkt der Tageslichtoptik kann nur eingeschränkt verwendet werden.

Wie teuer darf ein Gerät sein? Wie bei neuen Geräten beziehungsweise Technologien üblich, waren die Endverbraucherpreise für Wärmebild- sowie Nachtsichtgeräte für den jagdlichen Einsatz sehr hoch. Mittlerweile sind diese Preise etwas gesunken. Für gute brauchbare Geräte sollten Jäger heute dennoch immer noch in etwa den Preis von guten Tageslichtoptiken einplanen.
Nachtsichtgeräte mit Röhrentechnologie sind meist preislich etwas höher angesiedelt als digitale Nachtsichtgeräte. Jedoch besitzen diese Geräte eher selten eine Video- beziehungsweise Fotofunktion. Im Gegenzug liefern sie im Vergleich zu ihren digitalen Gegenstücken ein sehr gutes sowie helles Bild. Sie sind in puncto „Nachtsichtfähigkeit" in der Regel den digitalen Geräten überlegen. Digitale Geräte punkten hingegen vor allem mit ihren umfangreichen Funktionen. Durch technischen Fortschritt wird die Bildqualität bei Nacht insbesondere bei diesen Geräten in Zukunft mit hoher Wahrscheinlichkeit stark steigen.
Wärmebildgeräte verfügen in der Regel über eine Video- beziehungsweise Fotofunktion und einen insgesamt höheren Funktionsumfang im Vergleich zu Nachtsichtröhren. Die Preisspanne für diese Geräte ist sehr groß. Der Preis eines Wärmebildgerätes hängt im Wesentlichen vom Bildsensor beziehungsweise der Detektorzellengröße und Detektorenempfindlichkeit ab.

DIE TAGESLICHTOPTIK FÜR DIE NACHTJAGD

Nach Legalisierung durch entsprechende Gesetzesänderungen wollen mittlerweile zunehmend mehr deutsche Jäger Nacht-sicht- beziehungsweise Wärmebildoptiken nicht nur zur Beobachtung einsetzen, sondern ebenfalls als Vorsatz- beziehungsweise Nachsatzgerät an Zieloptiken nutzen. Damit dies reibungslos funktioniert, kommt es nicht nur auf die Leistungsfähigkeit des Vor- oder Nachsatzgerätes an. Auch die Auswahl des Zielfernrohrs hat einen großen Einfluss. Zieloptik und Nachtsicht- beziehungsweise Wärmebildgerät sollten deshalb aufeinander abgestimmt werden. Meist greifen die Kunden zu günstigen Zielfernrohren, um etwas mehr Budget für das Vorsatzgerät zu haben.
Neben dem Budget gibt es noch weitere Gesichtspunkte für die Wahl der richtigen Tageslichtoptik zum Vorsatzgerät. So ist der Objektivdurchmesser ein entscheidender Faktor. Werden Vorsatzgeräte eingesetzt, benötigt der Jäger nicht derart große Objektivdurchmesser, wie sie bei zahlreichen Zielfernrohren üblich sind (56 mm oder mehr). Es können getrost Zielfernrohre mit geringeren Objektivdurchmessern gewählt werden. Aktuell geht der Trend hin zu Optiken mit einem 50er-Objektivdurchmesser und einem eingebauten Parallaxenausgleich.

Diese Optiken können als Tageslichtoptiken für den Ansitz oder andere Jagdarten verwendet werden und bauen nicht hoch auf. Das hat zudem den Vorteil, dass Zielfernrohrmontagen mit verhältnismäßig geringer Bauhöhe trotz Verwendung eines Vorsatzgeräts genutzt werden können. Verfügt die Tageslichtoptik über eine „herkömmliche" Absehenbeleuchtung, ist diese selbst auf geringster Stufe mit hoher Wahrscheinlichkeit zu hell für den Einsatz mit einem Vorsatzgerät. Moderne, hochwertige Zielfernrohre haben deshalb mittlerweile oftmals Beleuchtungsstufen für den Einsatz mit Vorsatzgeräten.

Entscheidet sich der Jäger für ein Nachsatzgerät, sollte darauf geachtet werden, dass die Linsen der Tageslichtoptik nicht mit einer Infrarotstrahlen absorbierenden Schicht vergütet wurden. Nur so kann die maximale Lichtausbeute des Nachtsichtgerätes erreicht werden. Zudem empfiehlt sich bei Verwendung eines Nachsatzgerätes ein Parallaxenausgleich am Zielfernrohr. Damit können gestochen scharfe Bilder auf alle Entfernungen erreicht werden.

Grundsätzlich muss der Jäger bei der Tageslichtoptik, die in Kombination mit einem Wärmebild- bzw. Nachtsichtgerät verwendet werden soll, nicht mehr so tief in die Tasche greifen. Es genügt, auf die vorgenannten Punkte zu achten und auf den eigenen Einsatzzweck abzustimmen.

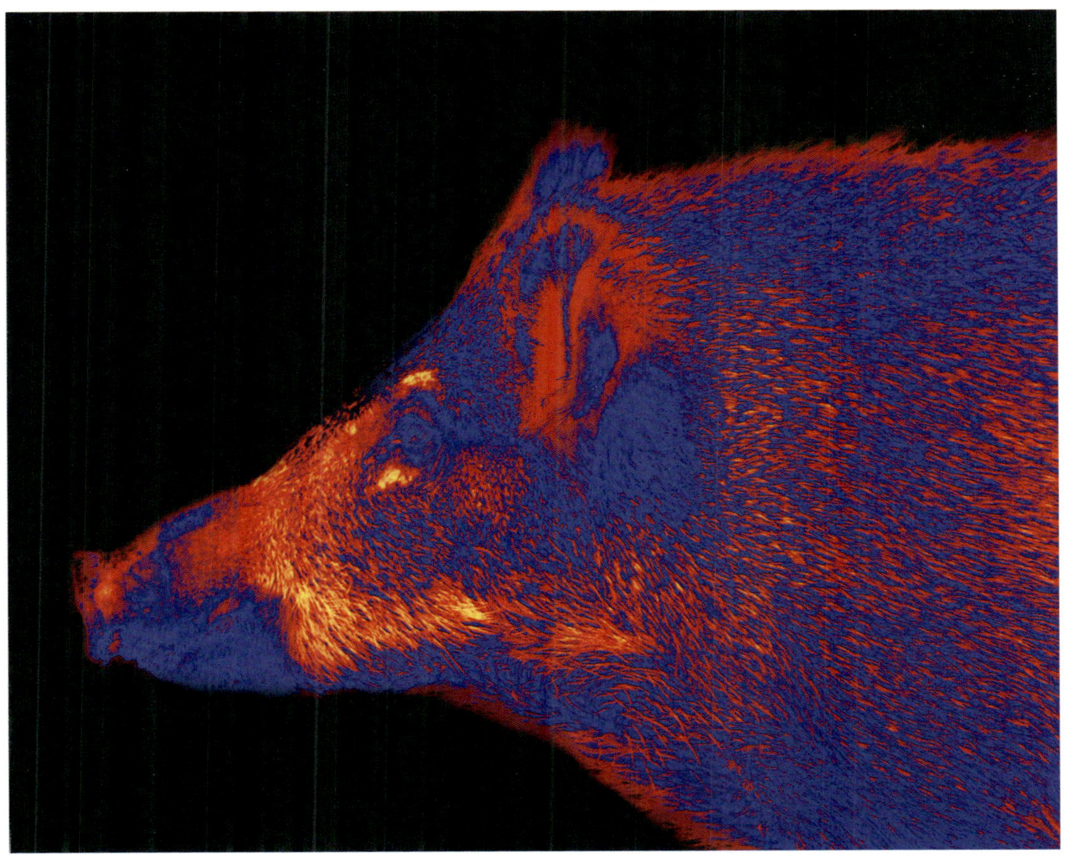

Für viele Jäger ist die Foto- bzw. Videofunktion von Wärmebildgeräten ein entscheidender Kauffaktor. Das Beobachtete kann damit aufgezeichnet werden.

SONSTIGE AUSRÜSTUNG

Teils lange Wege zurück zum Revierfahrzeug erfordern, dass der Pirschjäger allerhand Ausrüstung bei sich trägt. Damit unnötiger Ballast vermieden wird, sollte diese mit Bedacht gewählt werden.

DER JAGDRUCKSACK

Der Jagdrucksack für die Nachtjagd unterscheidet sich nicht wesentlich von einem herkömmlich gepackten Rucksack für die Jagd am Tag. Er sollte ausreichend groß dimensioniert sein, um das Material für die Nachtjagd aufzunehmen. Ein Fassungsvermögen von rund 20 Litern reicht dabei vollkommen aus. Ein in den Rucksack integriertes Waffenfutteral bietet zusätzlichen Komfort. Es erleichtert den Waffentransport auf der Pirsch ungemein. Zudem sollte das Material des Rucksacks geräuscharm und in nicht reflektierenden Farben gehalten sein.

Dieser Rucksack bietet sogar eine integrierte Gewehrauflage.

In manchen Rücksäcken lässt sich die Waffe bequem tragen.

Folgende Ausrüstungsgegenstände sollten im Rucksack des nachtaktiven Pirschjägers vorhanden sein:

- Stirnlampe
- Taschenlampe
- Wildgalgen
- Flaschenzug
- Schlachtmesser
- Wildtragebeutel
- Hygienehandschuhe
- Fleischerhaken
- Wildbergehilfe
- Wärmebildgerät
- Waffe
- Munition
- Jagdschein
- Knicklichter aus dem Angelbedarf
- Leuchttrassierband
- eventuell Pirschschuhe
- Schutzbrille
- Windprüfer
- Zielstock oder Stativ

In zahlreichen Revieren gibt es Bereiche, in denen Sauen besonders häufig anzutreffen sind, wo aber keine befahrbaren Wege vorhanden sind. Um an diesen Stellen Wild zu bergen, kann es notwendig sein, dieses über längere Strecken zu tragen. In solchen Fällen empfiehlt sich eine Lastenkraxe in Verbindung mit einem Rucksack, um das Wild ermüdungsfrei zu transportieren.

Damit das Wärmebild- oder Nachtsichtgerät zur Beobachtung stets griffbereit ist, sollte es nur bei längeren Anmarschwegen im Rucksack transportiert werden. Ist mit Wild zu rechnen, steigen wir deshalb häufig für den Transport der Optiken auf ein Binopack um. Diese speziellen Taschen für den Optiktransport werden vor der Brust getragen. Das Öffnen und Schließen ist kinderleicht und geht mit etwas Übung rasend schnell. Das Wärmebild- oder Nachtsichtgerät ist somit blitzschnell im Einsatz. Bei der Auswahl dieser Taschen sollte darauf geachtet werden, dass die Abdeckungen mittels Magnetverschluss zu verschließen sind. Damit kann die Optik geräuschlos entnommen oder verstaut werden.

ZIELHILFEN

Auf dem Markt ist mittlerweile eine schier unendlich große Palette an Zielstöcken verfügbar. War früher der einbeinige Haselnussstecken, von dem angestrichen oder aufgelegt geschossen wurde, gang und gäbe, gibt es mittlerweile vom Ein- bis Vielbein zahlreiche Varianten der Zielhilfen. Bei der Verwendung von Vor- oder Nachsatztechnik kommt den Zielhilfen eine große Bedeutung zu. Durch das hohe Eigengewicht können die Waffen samt Optiken ohne Zielhilfen nicht sehr lange ermüdungsfrei im Anschlag gehalten werden.

Grundsätzlich können drei Grundformen von Zielstöcken/Zielhilfen unterschieden werden. Sie variieren dabei in Bezug auf die Anzahl ihrer Beine beziehungsweise der Gewehrauflagen. Die wohl klassischste Variante ist das bereits eingangs beschriebene Einbein. Wer kennt nicht die alten Haselnussstecken mit einer Horngabel,

Auf dem Markt sind zahlreiche Zielstockvarianten verfügbar. Alle haben ihre Vor- sowie Nachteile.

Diese gängige Form von Zielstöcken bietet sowohl eine Auflage für den Vorder- als auch den Hinterschaft der Waffe.

In speziellen Auflagen lässt sich die Waffe gut gebettet auf dem Zielstock ablegen.

welche wahrscheinlich schon Opa auf der Jagd benutzt hat. Doch diese Bauform hat auch heute bei der Jagd noch durchaus ihre Berechtigung! Bei der Pirsch im Gebirge kann der Bergstock gleichzeitig auch als Zielstock verwendet werden. Weiterhin kann der einbeinige Bergstock auch als Bergehilfe sowie für den Transport von Material im Berg genutzt werden. Das Einbein muss dabei nicht zwangsläufig aus Haselnussholz bestehen. Moderne Varianten werden heute beispielsweise aus Metall oder dem Hightech-Material Carbon gefertigt. Doch auf einem Bein steht's sich schlecht. Aus diesem Grund gibt es schon seit Langem eine Variante des Zielstocks mit zwei Bodenkontaktpunkten. Auf dem nebenstehenden Bild ist eine Variante des Zielstocks zu sehen, die über vier Beine, zwei Bodenkontaktpunkte sowie eine zusätzliche Auflage für den Hinterschaft der Waffe verfügt. Diese Variante sorgt für einen sehr stabilen Anschlag und ermöglicht so Schüsse auch auf weite Distanzen. Der Nachteil dieser Zielstockvariante ist, dass sie bereits vor der Jagd in Bezug auf die Höhe der Stöcke auf den jeweiligen Schützen eingestellt werden muss. Bei Dunkelheit und aufkommendem Jagdfieber wird das im Eifer des Gefechts in jagdlichen Situationen nämlich meist nicht gelingen.

Die dritte Variante von Zielstöcken verfügt über drei Bodenkontaktpunkte. In Kombination mit einer entsprechenden Gewehrauflage (Huggsaddle) können herkömmliche Fotostative zu einem Zielstock umfunktioniert werden. Weiterhin bietet der Markt natürlich auch speziell gefertigte Zielstöcke mit drei Bodenkontaktpunkten. Aufgrund der drei Auflagepunkte sind diese Zielstöcke die stabilste Variante. Sie bieten dem Jäger die Möglichkeit zu sehr ruhigen Anschlägen und damit gut platzierten Schüssen auch auf weitere Entfernungen. Gleichzeitig ist diese Bauform jedoch auch die unflexibelste. Kommt das zu beschießende Stück in Bewegung,

kann ein Umpositionieren mit diesen Zielstockvarianten insbesondere in unwegsamem Gelände sehr umständlich sein.
Es gibt unterschiedliche Bauformen von Zielstöcken mit drei Beinen. Als Erstes sei hier die Variante mit variablen Stativbeinen erwähnt. Sie sind sehr schnell anpassbar und können über Knopfdruck am Griff des Zielstocks freigegeben werden. Die deutlich stabilere Variante des Dreibeins, die auch im Militär und sportlichem Long-Range-Schießen verwendet wird, sind Fotostative oder Dreibeine, die Fotostativen sehr ähnlich sind. Auf nebenstehenden Bildern (links unten, unten) sind zwei Varianten in besonders leichter Bauweise mit einer Vorderschaftaufnahme von Spartan Precision und eine massive Stativvariante mit einem Hugsaddle zu erkennen. Dreibeine sind besonders für den stationären Einsatz im Revier geeignet und ermöglichen einen sehr stabilen Anschlag.

BEKLEIDUNG/TARNUNG

Zunächst sollte bei der Wahl der Bekleidung für die Jagd die erwartete Umgebungstemperatur beachtet werden. Insbesondere Kälte macht uns menschlichen Jägern bei nichtangepasster Kleidung bereits nach kurzer Zeit zu schaffen. Aufmerksamkeit und Konzentrationsfähigkeit und schlussendlich die Freude am Jagen gehen dann rasch verloren. Um einen guten Ansitzsack oder beheizbare Kleidung kommen wir deshalb bei der statischen Jagd im Winter kaum herum. Für die Pirsch in kühlen Herbstnächten sowie im Winter wird ebenfalls brauchbare Bekleidung benötigt, um nicht mit unterkühltem Zeigefinger den Abzug betätigen zu müssen. Genauso wichtig wie ein wohliges Gefühl ist die Tarnung des menschlichen Körpers sowie der Waffe. Vor allem dem Gesicht, den Händen und unseren Konturen ist ein erhöhtes Augenmerk zu schenken.

Das Dreibein eignet sich vor allem für den länger an einem Ort verharrenden Jäger.

Besonders in hellen Nächten empfiehlt sich das Tragen von Handschuhen, um die Hände zu tarnen.

In klaren Nächten sind unsere unbedeckten Hautpartien im Gesicht, am Hals sowie den Händen für das Wild erkennbar. Der Gesichtssinn unserer Zielwildart Schwarzwild ist zwar nicht sehr stark ausgeprägt. Dennoch ist die Tarnung sehr wichtig. Denn verschrecken wir Reh-, Rotwild oder Fuchs werden auch die nebenan stehenden Sauen häufig mit panikartiger Flucht reagieren. Die menschliche kantige, zweibeinige Kontur ist in klaren Nächten selbst auf größere Distanzen gut erkennbar. Neben der Gesichts- sowie Handtarnung müssen deshalb dringend die menschlichen Konturen verwischt werden. Selbst beim Ansitz auf einem Hochsitz beziehungsweise Klettersitz oder in einer geschlossenen Kanzel mit Fenstern sollten wir uns immer vor Augen halten, dass unsere Bewegungen durch das Wild wahrgenommen werden können. Für die Pirsch benötigen wir geräuscharme Kleidung. Reflektierende Kleidungsstücke werden durch Straßenverkehr, Fremdlicht, durch den Einsatz von Taschenlampen und sogar auch beim Einschalten des Displays von Smartphones weithin sichtbar. Armbanduhren ohne Abdeckung oder glänzende Knöpfe und Einstellrädchen sollten ebenfalls vermieden werden. Die Bekleidung muss allen Bewegungsarten standhalten: Wenn der Jäger bei der aktiven Jagd auf der Pirsch mal knien, liegen, oder sich kriechend dem Wild nähern muss, sollten die Bewegungen ohne Einschränkungen möglich und obendrein möglichst geräuschlos ausführbar sein. Selbst bei Regen und Schneefall sollte auf wasserabweisende und damit laute Kleidung verzichtet werden. Letztlich sind wir Jäger nur für einen begrenzten Zeitraum der Nässe ausgesetzt. Es dürfte die absolute Ausnahme sein, dass wir mit ein und derselben durchnässten Kleidung über einen Zeitraum von mehr als einem Tag oder einer Nacht im Revier unterwegs sind. Den Schuhen kommt bei der Pirsch eine besondere Bedeutung zu. Die Bekleidung der Füße ist nämlich ein wesentlicher Faktor dafür, wie leise die Pirsch im Revier oder der Weg zum Hochsitz gelingt. Die Pirsch auf Socken wird von zahlreichen Jägern bereits seit vielen Jahren durchgeführt. Sie ist auch heute immer noch das leiseste Mittel der Wahl. Neoprenschuhe, Sportschuhe mit weicher Sohle, weiche Gummistiefel oder Tropenstiefel sind jedoch die deutlich bessere Wahl. Denn spitze Steine, Getreide-Stoppeln oder Dornen können rasch zu Verletzungen an den Fußsohlen führen. Das Pirschvergnügen ist damit bereits nach kurzer Zeit verflogen.

Sämtliche beweglichen Teile, die im Revier aneinanderschlagen können, müssen vorbereitet sein, um in der Bewegung keine Geräusche zu verursachen. Beispielsweise Riemenbügel, Gewehrriemen, Schießstock, Zweibein, Schalldämpfer, Magazin oder Kammerstengel sollten vor der Jagd in Bezug auf dieses Merkmal untersucht werden. Mehrschichtig aufgetragenes Klebeband, Stofffetzen oder Neoprenstücke können genutzt werden, um der Geräuschentwicklung entgegenzuwirken.

Selbstverständlich verursachen auch das Repetieren, Spannen oder Entsichern der Waffe Geräusche. Diese können in den meisten Fällen nicht vollständig vermieden werden. Der Jäger sollte diese Bewegungen beziehungsweise Handlungen jedoch vor der Jagd einmal durchspielen. Beispielsweise durch sehr langsames und damit kontrolliertes Repetieren kann zumindest für das menschliche Ohr kaum wahrnehmbar nachgeladen werden. Auch Spann- oder Sicherungsschieber können bei entsprechend kontrollierter Bewegung geräuscharm benutzt werden. Unter dem Begriff „Geräuschtarnung“ kann sich wahrscheinlich jeder etwas vorstellen. Nur ist das eigene Gefühl für die Lautstärke, die man selbst abgibt, oft verfälscht. Eine Möglichkeit zur Einschätzung dieser ist das gemeinsame Üben mit mehreren Jägern. So können sich die Teilnehmer dieser Übung an festgelegten Orten im Revier verteilen und verschiedene Handlungen durchspielen. Jeder kann sich damit ein eigenes Bild davon machen, auf welche Entfernungen jagdlich relevante Handlungen noch wahrnehmbar sind und wie laut sie sind.

Typische Handlungen auf der Jagd sind:

— Verstauen vom Beobachtungsgerät
— Auf-/Umstellen des Schießstocks
— Spannen/Entsichern der Waffe
— Repetieren
— Bedienen des Vorsatzgeräts

Seien Sie kreativ! Nicht zu vergessen sind die Bewegungsarten im Gelände beim Pirschen

Mit ein wenig Übung lassen sich zahlreiche Repetierer nahezu lautlos nachladen.

Mit einem sogenannten Ghillie suit verwandelt sich der Jäger optisch in einen Busch.

selbst. Simulieren Sie auch die auf der Pirsch üblichen Anschlagsarten unter Beobachtung der „Späher". Unterschiedliche Geländeformen bieten reichlich Spielraum bei der Fortbewegung. Nähern Sie sich beispielsweise durch Gräben und flache Fließgewässer den Spähern an. Nutzen Sie Strohballen und beschattete Bereiche, um sich ungesehen fortzubewegen. Kriechen Sie auf frisch gemähten Wiesen oder in Traktorfahrspuren an die anderen Teilnehmer heran. Die „Späher" sollten bei dieser Übung allesamt aktiven Gehörschutz verwenden, um die deutlich bessere Hörleistung des Wildes zu simulieren. Versetzen Sie sich in die Lage des bejagten und sensibilisierten Schwarzwilds. Die Waffe ist bei dieser Übung natürlich stets ungeladen! Umgekehrt kann der pirschende Jäger dem auf dem Hochsitz befindlichen Jäger die Schwachstellen aufzeigen, die sich beim Verhalten auf der jagdlichen Einrichtung ergeben:

- Ist die Silhouette des Jägers erkennbar?
- Sind Bewegungen des Jägers vom Boden aus wahrnehmbar?
- Gibt der Jäger auf der Ansitzeinrichtung Geräusche von sich – beispielsweise bei Bewegungen?

Für das Verwischen der Konturen kommen Ponchos, Lodenkotzen, Ghilli suits oder an der Kleidung befestigte Stofffetzen infrage. Mit ein wenig Geschick können Hosen, leichte Jacken oder Shirts auch mit Stofffetzen zu einer Art Ghillie suit aufgewertet werden. Schönheit steht dabei nicht im Vordergrund. Es geht einzig allein um das

Verwischen der menschlichen Kontur. Die Hände dürfen dabei nicht vergessen werden. Die Bauch- sowie Frontpartie der Beine sollte im Unterschied zu Rücken- und Kopfpartie mit weniger zusätzlichem Material besetzt sein, damit die Tarnkleidung beim Kriechen möglichst wenige Angriffspunkte zum Hängenbleiben und damit verbundener Geräuscherzeugung bietet.

Im Schnee reicht meist ein altes Bettlaken zur Tarnung völlig aus. Das Laken sollte natürlich vor der Jagd an die Größe des Jägers angepasst werden. Einzelne dunkle Flecken, die auf das Laken mit Farbe aufgebracht werden, können diesen Tarneffekt noch deutlich verstärken. Wie bei allen Kleidungsstücken für die aktive Jagd sollte natürlich auch bei dem im Bettlaken getarnten Jäger genügend Bewegungsfreiheit an Armen und Beinen vorhanden sein.

Auch der Gesundheitsschutz sollte bei der Wahl der richtigen Kleidung und Ausrüstungsgegenstände beachtet werden. So kam es bei einer nächtlichen Orientierungsübung auf dem Combatsurvival Lehrgang während unserer Dienstzeit dazu, dass sich ein Teilnehmer im dichten Geäst einen Ast ins Auge rammte und aufgrund dessen vom

Auf einer Ansitzeinrichtung wird die Tarnung häufig vergessen. Doch insbesondere auf offenen Leitern ist Tarnung ein Muss.

Lehrgang abgelöst werden musste. Die Lehrgangsablösung war zwar unangenehm, die erforderliche Augenoperation aber vermutlich noch um einiges unangenehmer. Auch wenn es nicht schön aussieht, kann das Tragen einer Schutzbrille bei der Pirsch in dichter Vegetation sehr hilfreich sein. Bei sehr aktiven Hundeführern, die mit ihren Vierläufern auf Drückjagden durchs Dichte marschieren, sind die transparenten Schutzbrillen ja mittlerweile sogar gang und gäbe.

Dieser Jäger nutzt einen speziellen Schneetarnanzug. Es kann jedoch auch ein Bettlaken genutzt werden.

SICHER SCHIESSEN

SCHIESSEN BEI NACHT

Das Schießen bei Nacht hat seine eigenen Regeln und sollte gesondert trainiert werden. Je nach Bundesland sind unterschiedliche Hilfsmittel für das Schießen bei Nacht erlaubt. Alle Geräte haben eines gemeinsam: Der Jäger sollte vor der aktiven Jagdausübung mit diesen Geräten trainieren.

Grundsätzlich hat das Schießen bei Nacht folgende Schwierigkeiten:

— Nicht alle Bedienelemente der Waffe sind erkennbar.
— Nicht alle Bedienelemente der Vorsatzoptik sind erkennbar.
— Wildkörper werden zu Silhouetten und der Haltepunkt beziehungsweise das Visierbild muss trainiert werden. Die Nacht lässt häufig Konturen verwischen, was bedeutet, dass ein Wildkörper für den Betrachter nicht so klar umrissen ist wie am Tage. Dies hat zur Folge, dass man das Nehmen eines Visierbildes bzw. die Wahl des Haltepunktes auf dem Wildkörper bei Nacht trainieren muss.

Grundvoraussetzung von sicherem Schießen bei Nacht ist ein blindes Beherrschen der eigenen Waffe.

- Der Mündungsknall/-blitz beziehungsweise das Aufleuchten der verbrennenden Gase blendet den Schützen und erschwert das „Durch-das-Feuer-Blicken“.
- Das erneute und schnelle Aufnehmen eines zweiten Visierbildes ist sehr schwer.
- Das Beurteilen der Hintergrundgefährdung ist deutlich erschwert.
- Entfernungsschätzen ist deutlich schwerer als bei Tageslicht.

Auch wenn diese Schwierigkeiten/Nachteile nicht vollends beseitigt werden können, kann der Jäger den Umgang damit erlernen. Mögliche negative Effekte können so minimiert werden.

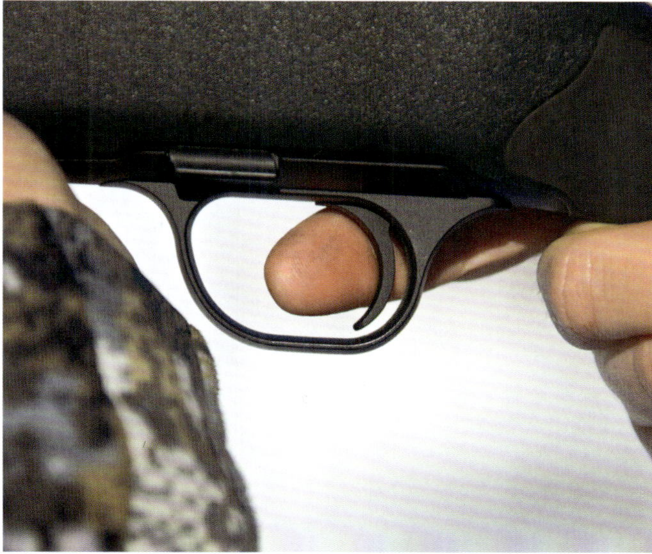
Der Finger geht erst bei Gewissheit in Bezug auf das Ziel an den Abzug.

SICHERHEIT

Grundsätzlich bilden wir alle Teilnehmer unserer Seminare nach den DJV-Schießregeln aus. Da diese Schießordnung sehr umfangreich ist, haben wir alle sicherheitsrelevanten Aspekte in vier Sicherheitsgrundregeln zusammengefasst. Diese Regeln werden international in der Schießausbildung benutzt und wurden ursprünglich von Jeff Cooper („Principles of Personal Defence“) entwickelt. Diese Sicherheitsgrundregeln gelten natürlich auch für die nächtliche Jagd.

1. JEDE WAFFE IST STETS ALS GELADEN ZU BETRACHTEN!

Insbesondere in der Nacht ist es wichtig, stets Gewissheit über den Ladezustand der Waffe zu haben. So ist es sinnvoll, die Waffe erst unmittelbar vor der Schussabgabe fertig zu laden. Dies muss bei der Jagd natürlich möglichst geräuscharm geschehen und sollte deshalb bei Tageslicht geübt werden. Es ist wichtig, Munition am Körper so zu positionieren, dass diese auch in der Nacht bei völliger Dunkelheit ohne zusätzliche Lichtquelle zielsicher gefunden wird. Nachdem ein Schuss abgegeben wurde, wird die Waffe entladen. Anschließend vergewissert man sich unter Weißlicht, dass die Waffe entladen ist.

2. DIE MÜNDUNG ZEIGT NUR DORTHIN, WO ICH HIN SCHIESSEN MÖCHTE!

Die Einhaltung dieser Regel bedingt, dass der Jäger bereits am Tag sichere Schussrichtungen erkundet hat. So müssen daran in der Nacht keine Gedanken mehr verschwendet werden. Fertig geladen wird nur in Richtung zuvor erkundeter Schussrichtungen.

3. DER FINGER BERÜHRT ERST DANN DEN ABZUG, WENN ICH MIR MEINES ZIELES SICHER BIN!

Der wohl häufigste Grund für unbeabsichtigte Schussabgaben ist der ungewollt ausgelöste Schuss aufgrund mangelnder Abzugsdisziplin. Ist die Waffe bereits beim In-Anschlag-Gehen entsichert, kann es vor allem in der Nacht dazu kommen, dass sich der Finger in der Bewegung an den Abzug verirrt und es zu einer ungewollten Schussabgabe kommt.

Mit schwindendem Tageslicht sind Geländestrukturen für den Jäger kaum noch zu erkennen.

In der Regel wird bei der Pirsch vom Boden aus geschossen. Der Kugelfang ist deshalb besonders wichtig.

4. KENNE DAS ZIEL UND WAS DAHINTERSTEHT!

Gemeint ist mit diesem Punkt das richtige Beurteilen der Hintergrundgefährdung. Wie bereits angesprochen ist es beim Blick durch Vorsatzgeräte deutlich schwerer, den Kugelfang sowie die Hintegrundgefährdung zu beurteilen. Auch Entfernungen können nur schwer eingeschätzt werden. Aus diesem Grund ist es wichtig, bereits am Tag Stände erkundet zu haben. Am Tag sollte bereits sichergestellt sein, dass mögliche Schussrichtungen für die Nacht ausreichenden Kugelfang bieten. Zudem sollten Entfernungen zu markanten Punkten im Gelände (markante Bäume, Wege, Erdhügel) erkundet worden sein. Anhand dieser Orientierungshilfen können Schussentfernungen zu Wild im Gelände bei Nacht eingeordnet werden. Damit man für alle Fälle gerüstet ist, sollten – sofern möglich – Punkte mit unterschiedlicher Distanz zum Jäger (25 m bis 200 m) vermessen werden. Damit sind alle möglichen Schussentfernungen abgedeckt. Bei der Pirschjagd kommt dem Kugelfang eine ganz besondere Bedeutung zu. Bedingt durch den Umstand, dass der Jäger in der Regel bei der Pirsch vom Boden aus schießt, ist der Schusswinkel meist verhältnismäßig klein. Je höher die Schussdistanz, desto flacher ist der angesprochene Schusswinkel und desto größer ist die Gefahr eines Abprallers. Von einem Steckschuss in unbefestigtem Waldboden kann der Jäger erst ab einem Schusswinkel von 10° und mehr ausgehen. Nicht nur aufgrund der besseren Übersicht empfiehlt es sich deshalb, als Pirschjäger von erhöhten Punkten im Gelände aus zu schießen.

SCHIESSEN MIT ZIELHILFEN

Wie bereits in den vorangegangenen Kapiteln beschrieben, wird das Gewicht der Waffe durch Vor- oder Nachsatzgeräte teils deutlich erhöht. Aus diesem Grund kommt dem Schießen mithilfe von Zielstöcken besondere Bedeutung zu. Wir bilden dabei nach den acht Kriterien für den präzisen Schuss aus. Den Prozess der acht Kriterien für den präzisen Schuss sollte der Jäger bereits am Tag trainieren und damit zur Routine werden lassen. Eine Schießroutine hilft dabei, Fehler zu vermeiden und Handlungsabläufe sicher zu gestalten.

Um einen Prozess auch in stressigen Situationen zuverlässig abrufen zu können, muss dieser möglichst einfach sein und natürlich

häufig geübt werden. Die folgenden Punkte können auf einfache Art und Weise zu Hause geübt werden. Damit findet eine optimale Vorbereitung auf den scharfen Schuss statt.
Unsere Acht-Punkte-Routine für das Schießen auf der nächtlichen Pirsch beinhaltet folgende Abläufe/Aspekte:

1. Anschlag/Stand
2. Griff
3. Zielen
4. Visierbild
5. Atmung
6. Abzugskontrolle
7. Abkommen
8. Reproduktion

ANSCHLAG/ STAND

Der erste Punkt der acht Kriterien für den präzisen Schuss ist zugleich der komplexeste. Der Anschlag variiert je nach Jagdart und häufig wird dem Jäger der Anschlag durch das Gelände vorgegeben. Wir haben den diversen Variationen der Anschläge für die Nacht einen eigenen Abschnitt gewidmet, der im Anschluss an die acht Kriterien zu finden ist.

GRIFF

Mit der rechten Hand (Rechtsschütze) wird das Griffstück der Waffe umfasst und diese in die Schulter gezogen. Hierbei sollte nur so viel Kraft aufgewendet werden, dass der Jäger keine krampfhafte Position einnimmt. Sollte sich die Hand öffnen, weil zu viel Druck ausgeübt wird, zieht der Schütze zu kräftig. Die linke Hand unterstützt hierbei den ermüdungsfreien Anschlag auf unterschiedliche Weise auch in Abhängigkeit zum gewählten Anschlag.

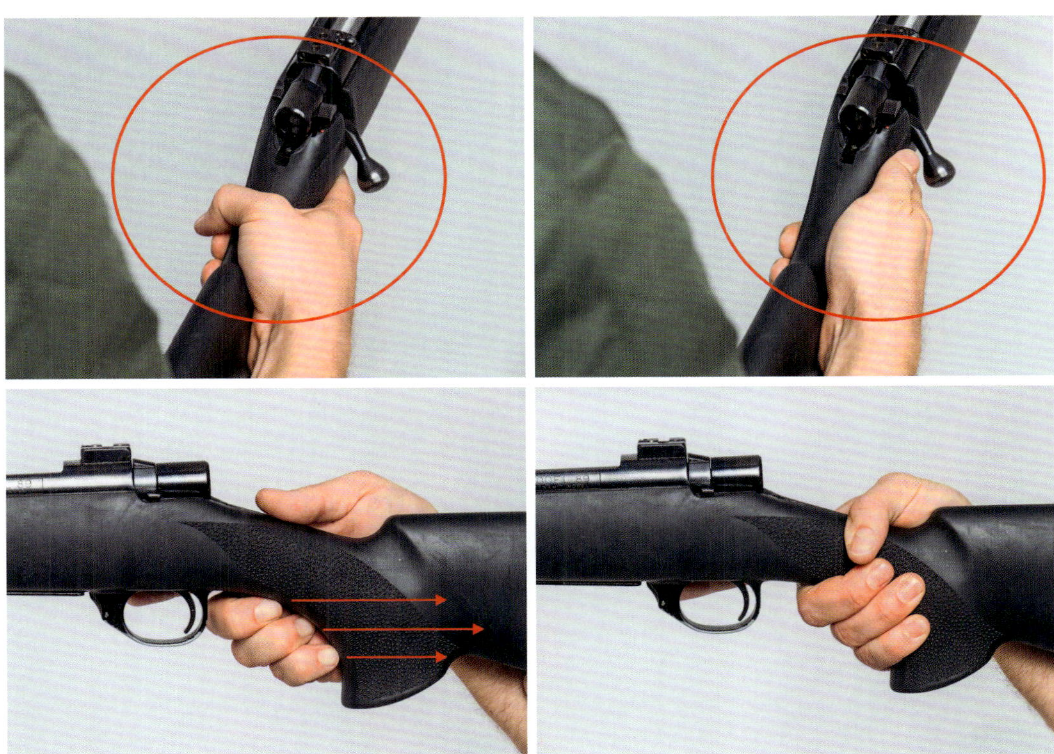

Der Schütze zieht die Waffe in die Schulter. Wird zu viel Kraft aufgebracht, öffnet sich die Hand (oben rechts, unten links).

ZIELEN

Beim Zielen kommt es darauf an, dass der Schütze parallaxenfrei durch die Optik blickt. Damit Parallaxenfreiheit erreicht wird, muss der Schütze gerade durch die Optik schauen. Augen- und Visierlinie müssen übereinander liegen. Um den Punkt zu finden, bei dem Sie gerade durch die Optik schauen, können Sie am Tag den Kopf etwas von der Optik zurückführen. Sobald Sie dann einen schwarzen Kreis erkennen und dieser vollständig rund ist, setzen Sie sich mit der Schafterhöhung einen Referenzpunkt und gehen wie gewohnt in den Anschlag. Das Setzen eines Referenzpunktes sorgt dafür, dass Sie den korrekten Anschlag auch bei Nacht zuverlässig finden.

VISIERBILD

Das Aufnehmen des Visierbildes ist bei Nacht und je nach verwendeter Vorsatztechnologie deutlich schwerer als am Tag. Dr. Kevin Robertson hat in seinem Buch „Perfect Shot" sehr viele Shotplacementkarten abgebildet, die den korrekten Haltepunkt in verschiedenen jagdlichen Situationen zeigen. Ebenso kann auch mit Thermalbildern gearbeitet werden.

ATMUNG

Für einen präzisen Schuss ist die richtige Atmung unerlässlich. Es gibt dazu verschiedene Atemtechniken, um die Schussabgabe zu verbessern. Welche Auswirkungen die Atmung auf die Trefferlage hat, kann man sich sehr einfach verdeutlichen, indem man die korrekte Schussposition einnimmt, ein sauberes Visierbild herstellt und tief ein- sowie ausatmet. Sie werden feststellen, dass sich das Visierbild mit der Bewegung des Brustkorbes auf und ab bewegt. Um genau diesen Effekt auszugleichen, gibt es verschiedene Atemtechniken.

Im Grunde genommen haben Sie vier Möglichkeiten, die Übertragung der Bewegung des Brustkorbs auf die Waffe zu vermeiden. Möglichkeit eins ist, Sie atmen die in Ihrer Lunge befindliche Luft zur Hälfte aus oder ein und halten dann die Luft an. Bei Möglichkeit drei und vier atmen Sie die Luft zu je drei Viertel aus oder ein und halten dann die Luft an, oder Sie schießen sobald Sie genau an dem Punkt sind, wenn der Brustkorb stillsteht, weil vom Ein- ins Ausatmen gewechselt wird. Welche der Möglichkeiten verwendet wird, um die Atmung zu kontrollieren, richtet sich nach der persönlichen Präferenz jedes einzelnen Schützen. Die präferierte Atmung bei der Schussabgabe sollte im Trockentraining mit entladener Waffe festgestellt werden. So ist jede kleinste Bewegung des Schützen gut wahrnehmbar.

Zur vierten Variante sei angemerkt, dass nur ganz wenige Schützen diese Technik wirklich beherrschen. Aus diesem Grund empfehlen wir, die Atmung kurz vor der Schussabgabe anzuhalten. Bei allen Varianten, die

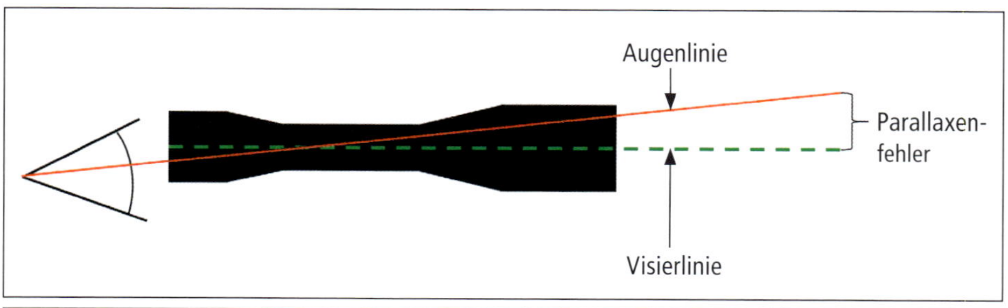

In diesem Fall schaut der Schütze fälschlicherweise nicht gerade durch das Zielfernrohr. Augen- und Visierlinie liegen somit nicht übereinander.

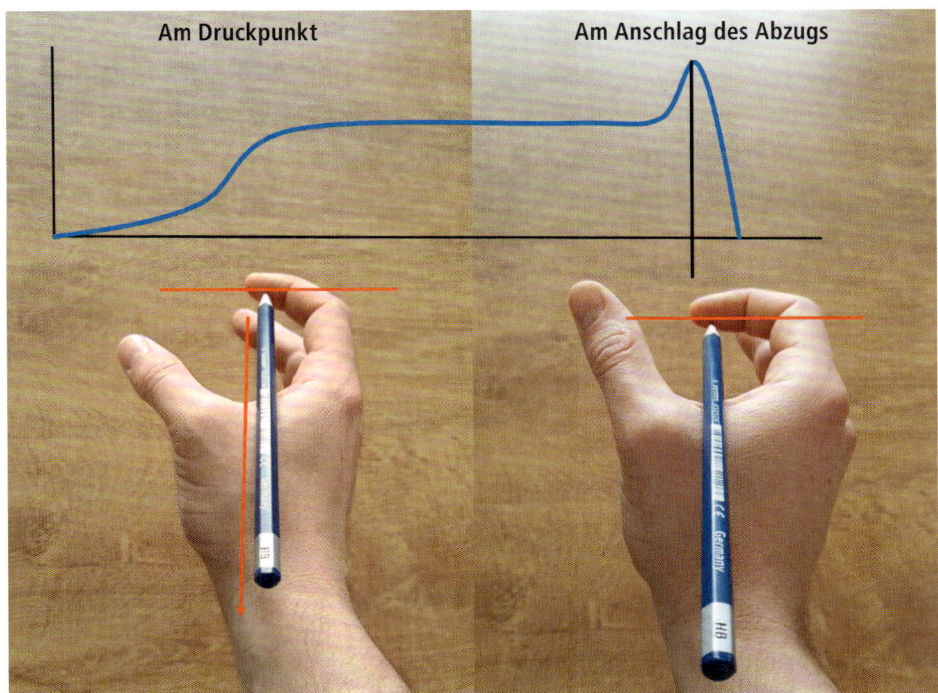

Bis zum Druckpunkt des Abzugs kann kontrolliert Druck aufgebaut werden. Wird der Widerstand am Druckpunkt überwunden, bricht der Schuss.

auf Atempausen des Schützen basieren, ist zu beachten, dass diese Atempausen nicht unendlich lang sein dürfen. Zu langes Luftanhalten führt zur Verkrampfung des Körpers und damit schlechteren Schießleistungen. Optimal ist eine Atempausenlänge von drei bis maximal acht Sekunden. Alles darüber hinaus ist nicht sinnvoll, da bereits nach acht Sekunden erste Sauerstoffmangelerscheinungen auftreten und ein präziser Schuss nicht mehr möglich ist. Trotz Atempause sollte der Schütze auch keinesfalls eine Schussabgabe „erzwingen" wollen. Lieber lassen Sie den Finger ruhen, atmen erneut und konzentrieren sich wiederholt auf den Schuss.

ABZUGSKONTROLLE

Der Abzug sollte beim Schießen im mittleren Teil des Zeigefingers anliegen. Ähnlich dem Flintenschießen muss auch beim jagdlichen Büchsenschießen entschlossen am Abzug gezogen werden. Keinesfalls darf natürlich aber gerissen werden. Dies führt in der Regel zu einem deutlichen Tiefschuss. Nachdem der Schuss gebrochen ist, wird der Abzug mit dem Finger kontrolliert nach vorn an den Druckpunkt geführt und anschließend die Waffe nachgeladen.

DURCH DAS FEUER BLICKEN

Der Blick durch das Feuer ist bei der Jagd essenziell. Liefert er doch einige wertvolle Informationen über Treffersitz auf dem Wildkörper oder Fluchtrichtung des beschossenen Stücks. Der Schütze muss dazu das Stück auch nach der Schussabgabe durch die Zieloptik im Auge behalten. Deshalb sollte keinesfalls nach Schussabgabe die Haltung hinter der Waffe aufgegeben werden. Vielmehr bleibt der Schütze im Anschlag, um das beschossene Stück weiter zu beobachten oder im Falle eines angeschweißten Stücks rasch den zweiten

Schalldämpfer erleichtern es deutlich, nach dem Schuss durch das Feuer zu schauen.

Schuss rausbringen zu können. Bei der Nachtjagd wird der Blick durch das Feuer durch hell abbrennende Gase an der Mündung der Waffe erschwert. Der Schütze wird durch die hellgelbe/orange Flamme geblendet. Zum einen führt dies sehr häufig zum reflexartigen Schließen der Augen, zum anderen zieht sich die Pupille des Auges schlagartig zusammen, was die Nachtsehfähigkeit des Auges deutlich verschlechtert. Abhilfe kann durch einen Schalldämpfer geschaffen werden. Neben der Reduktion des Rückstoßes sowie der Dämpfung des Schussknalls reduziert er auch maßgeblich das Mündungsfeuer an der Waffe oder eliminiert es vollständig.

REPRODUKTION

Um wiederholt und konstant gute Schießergebnisse zu erzielen, müssen die notwendigen Handlungen sowie deren Abläufe stets identisch reproduziert werden. Um dies zu erreichen, sollten Schützen die Abläufe bei der Schussabgabe zum einen mit ungeladener Waffe daheim oder mit scharfer Waffe auf dem Schießstand trainieren. Allgemein gilt, dass nach etwa 1.000 Wiederholungen ein Handlungsablauf im Muskelgedächtnis verankert ist. Zum anderen gilt es, die eingeübten Handlungsabläufe in eine Routineabfolge zu bringen und diese im Gedächtnis zu verankern. Eine Jagd-Schieß-Routine könnte so aussehen: Stand, Anschlag, Schießen, Repetieren und dann wieder zurück zum Anfang.

ANSCHLAGSARTEN

Es gibt unzählige Anschlagsarten, die bei der Jagd Verwendung finden, richtet sich der Anschlag doch vor allem nach den Gegebenheiten im Revier. Grundsätzlich gibt uns das Gelände sowie die Vegetation vor, welcher Anschlag für einen sicheren Schuss gewählt werden sollte.

Da in heimischen Revieren sehr häufig vom Ansitz aus gejagt wird, dürfte die sitzend aufgelegte Position für die meisten Jäger Routine sein. Auf der Pirsch steht in der Regel jedoch keine Ansitzeinrichtung zur Verfügung. Deshalb sollte der Pirschjäger mit verschiedenen Anschlagsarten zurechtkommen. Das Üben der verschiedenen Anschläge kann sehr gut mit einem Gang durchs Revier kombiniert werden. Dabei können auch weitere wichtige Informationen für die nächtliche Pirsch eingeholt werden.
Wo ist frisch gebrochen? Wurde die Suhle in der vergangenen Nacht angenommen? Wann waren die Sauen an der Kirrung? Ist zusätzlicher Wildschaden im Weizenschlag in der zurückliegenden Nacht entstanden? Zudem können Informationen bezüglich Entfernungen zu markanten Punkten im Revier und Kugelfangsituationen bei Tageslicht eingeschätzt werden. Auch der letzte Schliff für den Pirschweg kann so noch vorgenommen werden.
Grundsätzlich gilt für alle Anschläge:
Je tiefer der Anschlag, desto stabiler ist dieser. Liegende Anschläge sind demnach in der Regel die stabilsten. Bei der Bergjagd kommt es relativ häufig zur Schussabgabe

Das sitzend aufgelegte Schießen dürfte wohl den meisten Jägern vertraut sein.

in liegender Position, bietet das steile Gelände doch ausreichenden Kugelfang. Auf der nächtlichen Sauenpirsch kommen diese Anschläge aufgrund des flachen Schusswinkels selten vor. Um im Fall der Fälle jedoch vorbereitet zu sein, sollten die liegenden Anschläge nicht vollkommen außen vor gelassen werden. Sitzende Anschläge sind sowohl mit als auch ohne Unterstützung möglich. Bei den stehenden Anschlägen konzentrieren wir uns auf die Nutzung eines Zielstocks. Die freihändige Schussabgabe kommt bei der nächtlichen Pirsch auf Sauen selten vor. Außerdem beherrschen nur wenige Schützen dies sehr sicher. Alle Anschläge werden im Folgenden aus der Sicht eines Rechtsschützen beschrieben. Für Linksschützen gilt demnach die umgekehrte Reihenfolge.

LIEGEND AUFGELEGT

Durch das zusätzliche Gewicht der Vorsatzoptiken sind Anschläge ohne Halteunterstützung (liegend freihändig) nur sehr schwer ermüdungsfrei durchzuführen. Als Auflage für den liegenden Anschlag kann der Jagdrucksack oder ein Zweibein verwendet werden. Damit das Auflegen auf dem Rucksack gelingt, sollte schon beim Packen der Utensilien auf eine ausreichende Befüllung geachtet werden. Weiche Rucksackinhalte wie beispielsweise eine zusätzliche Jacke sorgen dafür, dass die Waffe noch sicherer auf dem Rucksack gebettet werden kann.

Beim liegenden Anschlag hat der Schütze die Möglichkeit, in einem 45°-Winkel hinter der Waffe zu liegen. Alternativ kann er

Auf der Pirsch kann beim Schießen im Liegen beispielsweise auf dem Rucksack aufgelegt werden.

sich gerade – in einer Linie – hinter der Waffe positionieren. Der angewinkelte Anschlag hat den Vorteil, dass der Hals nicht überstreckt werden muss und das Auge einen größeren Abstand zum Okular hat. Liegt der Schütze gerade hinter der Waffe, kann der Rückstoß besser abgefangen werden, da der Kraftverlauf entlang des Rückgrates verläuft. Für beide Anschläge gilt: Es sollte möglichst viel Körperfläche auf dem Boden aufliegen. Durch Abkippen der Füße zur Seite können beispielsweise die Fersen an den Boden gebracht werden. Die Ellenbogen liegen ebenfalls auf dem Boden auf. Durch das Verschieben des rechten Ellenbogens kann die Waffe in der seitlichen Ausrichtung korrigiert werden. Bei diesem Anschlag ist es ratsam, die linke Hand zur zusätzlichen Unterstützung am Hinterschaft zu positionieren. Dazu kann der Schütze beispielsweise eine Faust ballen und den Hinterschaft auf dieser ablegen. Auf diese Weise kann durch Zusammendrücken oder Entspannen der Faust die Waffe in senkrechter Richtung korrigiert werden. Bei liegenden Anschlägen sollte die Auflage der Waffe nicht zu hart sein. Wird ein Zweibein am Vorderschaft verwendet, sollte dies nicht auf harten Untergründen wie beispielsweise Teerwegen positioniert werden, da die beim Schuss entstehende Vibration über den Schaft und das Zweibein auf den Boden übertragen wird. Ist der Boden hart, äußert sich die Übertragung der Vibration auf den Boden als Prellschlag, weiche Böden hemmen diesen Effekt. Häufig kommt es bei der Schussabgabe im Liegen dazu, dass unmittelbar vor der Laufmündung befindliche Vegetation übersehen wird. Prallt das Geschoss vor diese Vegetationsteile, kann es massiv abgelenkt werden. Grundsätzlich ist der liegend aufgelegte Anschlag trotz der genannten Nachteile sehr stabil. Er eignet sich bei ausreichendem Kugelfang damit insbesondere für Schüsse auf weitere Distanzen.

Beim angewinkelten Liegen muss der Hals nicht überstreckt werden.

Bei der geraden Lage hinter der Waffe wird der Rückschlag besser abgefangen.

SITZEND AUFGESTÜTZT

Der sitzend aufgestützte Anschlag kann in verschiedenen Haltungen durchgeführt werden. In der ersten Variante nimmt der Schütze eine bequeme Sitzposition ein. Das vordere Unterstützungsbein zeigt dabei zum Ziel. Das zweite Bein wird etwa im 45°-Winkel zu dem anderen Bein positioniert. Die Muskeln der Oberarme liegen auf den Knien auf (nicht die Ellenbogen!). Höhen- und Seitenkorrekturen der Waffe werden über die Positionierung der Füße vorgenommen. Die komplette Haltearbeit geschieht über die Beine und Arme. Kann dieser Anschlag mit dem zusätzlichen Gewicht der Vorsatzoptik nicht lange ermüdungsfrei gehalten werden, besteht die Möglichkeit, kleine Bäume zur

Beim sitzend aufgestützten Anschlag geschieht die Haltearbeit über die Beine sowie Arme des Schützen.

Um den Schneidersitz rasch einzunehmen, sollte dies im Vorfeld der Jagd trainiert werden.

Unterstützung zu nutzen, indem man diese zwischen den Beinen positioniert und die Waffe daran anstreicht. Der Anschlag ist ausreichend stabil für mittlere Distanzen bis 80 Meter und kann dadurch zusätzlich stabilisiert werden, dass der Gewehrriemen um den linken Oberarm gewickelt wird. Aufgrund der niedrigen Position muss auch bei diesem Anschlag besonderes Augenmerk auf die Vegetation vor der Laufmündung gelegt werden. Gleiches gilt für die Kugelfangsituation.
Die zweite Variante des sitzend aufgestützten Anschlags ist der Schneidersitz. Das linke Knie zeigt dabei in Richtung des Ziels. Die Beine liegen über Kreuz aufeinander. Die Ellenbogen liegen auf den Oberschenkelmuskeln auf. Höhenkorrekturen der Waffe werden durch Aufrichten oder Ablassen der Knie durchgeführt. Für seitliche Korrekturen dreht der Schütze seine sitzende Position. Um diesen Anschlag leicht und rasch einzunehmen, sollte das Hinsetzen beziehungsweise Aufstehen aus dem Schneidersitz trainiert werden. Ohne Trockenübungen gelingt dies in der Regel nicht. Auch bei diesem Anschlag kann der Gewehrriemen um den Oberarm geschlungen oder Zugschlaufen am Handgelenk zur zusätzlichen Stabilisierung genutzt werden.

SITZEND AUFGELEGT

Lässt die Vegetation sowie das Gelände den liegend aufgelegten Anschlag nicht zu, besteht die Möglichkeit, den Oberkörper zu erhöhen, indem die Waffe in sitzender Position aufgelegt wird. Dabei gibt es verschiedene Möglichkeiten, eine Auflage herzustellen. Grundsätzlich entspricht die Sitzposition dem sitzenden Anschlag mit geöffneten Beinen. Das linke Bein zeigt in Richtung des Ziels. Das rechte Bein ist in einem 45 °-Winkel zum vorderen Bein positioniert. Die erste Variante, eine Auflage zu schaffen, kann der Rucksack sein. Dieser wird so zwischen den Beinen positioniert, dass die Waffe bequem darauf aufgelegt werden kann und der Schütze somit eine stabile Schussposition erhält. Voraussetzung ist, dass der Rucksack straff gepackt wurde, um eine genügend stabile Auflage zu erzeugen, und die Waffe nicht seitlich wegrutschen

Beim sitzend aufgelegten Anschlag kann die Waffe beispielsweise auf einem kleinen Dreibein positioniert werden.

kann. Die rechte Hand zieht die Waffe in die Schulter, die linke Hand kann zur Unterstützung der Waffe am Vorderschaft positioniert werden. Liegt das Gewehr ausreichend stabil auf dem Rucksack, kann die linke Hand zur Unterstützung am Hinterschaft angelegt werden.

Steht lediglich ein einbeiniger Zielstock zur Verfügung, kann auch dieser zur Stabilisierung genutzt werden. Bei einem in der Länge verstellbaren Einbein kann die Waffe beispielsweise auf der Oberseite des Zielstocks in einer Gabel aufgelegt werden. Alternativ wird das Einbein gegen einen Baum gelehnt. Nun kann die Waffe angestrichen positioniert werden. Die angestrichene Variante dieses Anschlags ist deutlich stabiler, setzt jedoch das Vorhandsein eines geeigneten Baums voraus.

Eine weitere Auflagemöglichkeit bieten Fotostative oder speziell für das Schießen konzipierte Dreibeine. Die Grundhaltung ändert sich auch mit diesen Hilfsmitteln nicht. Allerdings muss ein Dreibein zwischen den Beinen positioniert werden. Vorteil der Dreibeine ist eine deutlich stabilere Auflage. Die Auflage kann durch sogenannte Hog Saddles oder spezielle im Vorderschaft eingeschraubte Adapter nochmals deutlich erhöht werden. Über die Auflage wird die Waffe fixiert und muss nicht zusätzlich mit der Hand stabilisiert werden, wodurch die linke Hand zur Verfügung steht, um beispielsweise das Vorsatzgerät zu bedienen. Nachteil der Dreibeine ist der Aufwand beim Aufbau. Alle drei Beine des Stativs müssen in der Länge an den Untergrund angepasst werden. Je weiter vorne am Vorderschaft die Waffe aufliegt, desto kleiner wird der mögliche Schwenkbereich.

Das klassische Einbein wird heute vor allem im Gebirge eingesetzt.

STEHEND AUFGELEGT

Der stehend aufgelegte Anschlag dürfte der gängigste Anschlag auf der nächtlichen Schwarzwildpirsch sein. Deshalb sollte diese Anschlagsvariante dringend auch mit scharfer Waffe auf dem Schießstand trainiert werden. Alle Varianten des stehend aufgelegten Anschlags haben den Vorteil, dass der Schütze eine verhältnismäßig hohe Position hat und er damit in der Regel keine Probleme mit Vegetation zwischen Laufmündung und dem zu beschießenden Stück hat. Bei Verwendung eines Einbeins wird dies zunächst in etwa auf die Länge gebracht, so dass die Oberseite auf Höhe der Nase des Schützen liegt. Danach wird es mit einer Armlänge Abstand vor dem Körper des Jägers positioniert. Die Füße nehmen eine 12 Uhr–3 Uhr-Stellung ein, mit der linken

Hand wird der Zielstock gegriffen. Im nächsten Schritt führt man die linke sowie rechte Hand (in der die Waffe liegt) zusammen, legt das Gewehr in die Gabel des Zielstocks und hebt beides an. Nachdem dies geschehen ist, nimmt der Schütze ein Visierbild auf und geht in Anschlag. Ist die Waffe zu hoch, wird der Abstand zwischen Zielstock und Schütze mit kleinen Schritten nach hinten korrigiert. Muss seitlich korrigiert werden, geschieht dies über ein seitliches Verschieben der Füße um den Auflagepunkt des Zielstock am Boden. Analog zu dem beschriebenen Anschlag funktioniert das Anstreichen am Einbein. Hierbei ist es dem Schützen selbst überlassen, ob er links oder rechts des Einbeins anstreicht.
Aus unserer Sicht sind Zielstöcke, die eine Schaftauflage vorne und hinten an der Waffe bieten, besonders gut für die nächtliche Schwarzwildpirsch geeignet. Bei den meisten mehrbeinigen Zielstöcken muss die Länge der Beine bereits vor der Jagd auf den jeweiligen Jäger eingestellt werden. Gleiches gilt für den Abstand zwischen der vorderen sowie hinteren Auflage des Zielstocks. Dieser Abstand muss auf die jeweilig verwendete Waffe abgestimmt werden. Die Anschlagsausführung mit dieser Art von Zielstöcken ist denkbar einfach. Am Stand angekommen, werden die Beine seitlich aufgeklappt. Danach legt der Schütze den Vorderschaft der Waffe in die Gabel, zieht die Hinterschaftauflage ein Stück nach hinten und legt den Hinterschaft auf die Auflage. Nun liegt das Gewehr stabil an zwei Auflagepunkten auf. Lediglich mit der rechten Hand zieht der Schütze dann noch die Waffe in die Schulter. Auch bei dieser Anschlagsvariante empfiehlt sich der 12 Uhr–3 Uhr-Stand. Stellt der Schütze im Anschlag fest, dass die Waffe zu hoch oder niedrig positioniert ist, kann dies durch ein Abkippen nach vorn oder hinten korrigiert werden. Seitliche Korrekturen werden durch ein Verschieben des Vorderschaftes oder Drehen in der Gabel vorgenommen. Reicht diese seitliche Korrektur nicht aus, kann der Schütze ein Bein des Zielstocks anheben und den Stock dann über dem auf dem Boden befindlichen Standfuß mitsamt darin ruhender Waffe drehen.
Alternativ zu diesem Anschlag kann mithilfe mehrbeiniger Zielstöcke mit zwei Auflagen auch eine Auflage für den rechten Ellenbogen hergestellt werden. Anstatt den Hinterschaft der Waffe auf der dafür vorgesehenen Auflage zu platzieren, wird die Verbindung zwischen Vorder- und Hinterschaftauflage verlängert. So hat der Schütze die Möglichkeit, den Hinterschaft in der Schulter zu platzieren und den Ellenbogen auf die Hinterschaftauflage zu legen. Zahlreiche Jäger kommen mit dieser Variante des Anschlags deutlich besser zurecht.
Ebenfalls sehr stabil ist der stehend aufgelegte Anschlag mit dem Dreibein. Zunächst

Beim Pirschstock mit zwei Auflagen ruht sowohl der Hinter- als auch der Vorderschaft auf dem Pirschstock.

müssen bei diesem Anschlag die Beine des Dreibeins in der Länge an die jeweilige Situation angepasst werden, um einen stabilen Stand im Gelände zu erreichen. Da das Dreibein von allein stabil steht, kann der Jäger beide Hände benutzen, um die Waffe in der vorgesehenen Auflage zu positionieren. Genau wie bei allen anderen stehend aufgelegten Anschlägen, empfiehlt sich hier der 12 Uhr–3 Uhr-Stand der Füße. Anders als bei den zuvor beschriebenen Zielstockvarianten kann sich der Schütze mit seinem Gewicht etwas in das Dreibein hineinlegen, um dem Rückstoß entgegenzuwirken. Die linke Hand kann an der Waffenauflage positioniert oder alternativ damit diagonal das Stativ gegriffen werden. Reicht die Stabilität des Dreibeins allein nicht aus, kann mittels am Stativ angebrachter Riemen, die mit dem Fuß Richtung Boden gezogen werden, zusätzlicher Halt erreicht werden.

Manchen Schützen ist es deutlich angenehmer, wenn anstatt des Hinterschafts der Ellenbogen in der hinteren Auflage abgelegt wird.

Mittels spezieller Vorderschaftsaufnahmen kann die Waffe auf Pirschstöcken befestigt werden.

TREFFERPLATZIERUNG

Neben dem Kaliber und Geschoss entscheidet vor allem der Treffersitz über die Tötungswirkung eines Schusses. Sicheres Schießen ist deshalb für weid- und tierschutzgerechtes Jagen unumgänglich.

Aus dem Buch von Dr. Kevin Robertson „Shot Placement“ geht hervor, dass der Doppellungenschuss am besten geeignet ist, um eine augenblickliche Tötungswirkung bei einem Stück Wild herbeizuführen. Bei diesem Schuss kollabieren die Lungen des beschossenen Stücks und die Sauerstoffzufuhr wird augenblicklich unterbrochen. Kurze Todesfluchten sind die Folge. Das Herz sitzt bei unseren einheimischen Wildarten verhältnismäßig tief im Körper. Beim Schwarzwild ist dieser tiefe Sitz des Herzens besonders stark ausgeprägt. Dies sollte sich der Sauenjäger immer wieder ins Gedächtnis rufen! Ein Herztreffer kann zu sehr langen Todesfluchten führen, da viele weitere Vitalsysteme noch intakt sind. Schüsse auf Haupt oder Kopf sind natürlich umgehend tödlich. Im Vergleich zum Schuss in die Blattregion eines Stückes ist die Trefferfläche am Haupt oder Kopf jedoch sehr klein. Fehl- oder gar Krankschüsse wären deshalb hier mit hoher Wahrscheinlichkeit die Folge. Weid- und damit tierschutzgerechtes Jagen ist somit nicht möglich. Deshalb findet diese Trefferplatzierung im Folgenden keinerlei Beachtung.

Das Vitale-Dreieck spannt sich zwischen Ellenbogen, Schultergelenk und Spitze des Schulterblatts auf.

1. Nutze den Doppellungenschuss/ Lungenschuss

DER SCHUSS AUF EIN QUERSTEHENDES ZIEL

Doch wie wird ein Treffer der Lungen garantiert? Hierfür hat Dr. Robertson eine visuelle Hilfe entwickelt: das sogenannte „Vitale-Dreieck“. Es spannt sich zwischen den folgenden drei Punkten auf:

— Ellenbogen
— Schultergelenk
— Spitze des Schulterblatts/Blatt

Im Schwerpunkt des Vitalen-Dreiecks liegt der ideale Treffpunkt bei Wild, welches in einem 90°-Winkel zum Schützen steht. In manchen Fällen kann der Jäger die Knochen-Konturen in der Blattregion erkennen und sie als Anhaltspunkt zur Bildung des beschriebenen Dreiecks verwenden. Diese Möglichkeit ist jedoch nicht immer gegeben. Ein anderes gutes visuelles Hilfsmittel für die Absehenplatzierung ist die Blattlinie. Die Blattlinie ist die waagerechte Linie, die den Wildkörper in zwei Hälften teilt. Der zuvor beschriebene Schwerpunkt des Vitalen-Dreiecks liegt zwischen der Blattlinie und der Linie, die den Wildkörper drittelt,

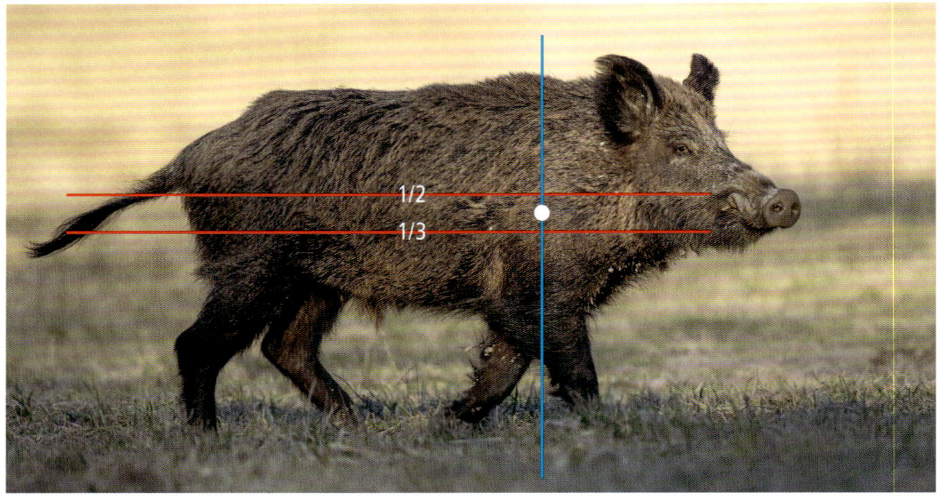

Die Blaue Linie halbiert optisch den Vorderlauf. Die beiden roten Linien halbieren bzw. dritteln den Wildkörper horizontal.

sowie der Linie, die den Vorderlauf teilt. Hieraus folgen zwei weitere Regeln:

2. Platziere das Absehen zwischen der Blattlinie und der Linie, die den Wildkörper drittelt.

3. Platziere das Absehen auf der Linie, die den Vorderlauf teilt.

IM 45°-WINKEL VON VORN ODER HINTEN

Doch aktive Jagd ist eben kein Schießstandbesuch! Und so kommt es immer mal wieder vor, dass das zu beschießende Stück nicht im 90°-Winkel, sondern halbschräg zum Schützen steht. Bei diesem Schuss gibt es mehrere Aspekte, die beachtet werden sollten. So muss man sich als Jäger zunächst den Weg des Projektils durch den Wildkörper vorstellen. Damit verbunden gilt es einzuschätzen, wie sich das verwendete Geschoss auf diesem Weg im Wildkörper verhält. Hierzu gibt es ein passendes Zitat von dem sehr erfahrenen Jäger Finn Aagaard:
„When it comes to killing game, a three-thousand-dollar rifle with a three thousand dollar scope is worth no more than it's bullet."

Aagaard spielt mit dieser Aussage auf den Sachverhalt an, dass moderne, sehr schnell expandierende Geschosse oft nicht geeignet sind, ein Stück im 45°-Winkel zu beschießen, da auf dem Weg des Geschosses durch den Wildkörper viele Knochen liegen. Sie sorgen dafür, dass sich das Projektil sehr früh aufpilzt und schlimmstenfalls in dickeren Knochen hängenbleibt, ohne eine rasche Tötungswirkung herbeizuführen. In solchen Fällen ist es umso wichtiger, schnell für einen benötigten Folgeschuss bereit zu sein. Auch bei Stücken, die nicht in einem 90°-Winkel zum Schützen stehen, wird die Blattlinie als Referenz für die Horizontale genutzt. Allerdings verschiebt sich der visuelle Ankerpunkt. Auf nebenstehender Grafik haben wir versucht, die Senkrechte zu verdeutlichen. Deutlich ist zu erkennen, wie sich der Haltepunkt mit zunehmendem Winkel des Stückes zum Schützen nach vorn beziehungsweise hinten verschiebt. Somit gilt folgende Regel für ein Stück, welches man in einem 45°-Winkel von vorn beschießt:

4. Platziere das Absehen auf dem Schnittpunkt der Blattlinie mit der Senkrechten, die an der Innenseite des äußeren Vorderlaufs verläuft.

Umgekehrt verhält es sich bei Stücken, die in einem 45°-Winkel von hinten beschossen werden. Hier gilt folgende Regel:

5. Platziere das Absehen auf dem Schnittpunkt der Blattlinie mit der Senkrechten, die an der Innenseite des äußeren Vorderlaufs aufsteigt.

DER SCHUSS VON VORN ODER HINTEN

Anhand unten zu sehender Grafik wird rasch klar, dass Projektile bei Schüssen in einem 45°-Winkel bereits gefährlich nah an Organen vorbeikommen, die eigentlich nicht verletzt werden sollen. Aus diesem Grund gilt die Regel 6.

6. Schüsse in einem Winkel zwischen 45° und 0° sollen unterbleiben.

Bei Schüssen spitz von vorn oder hinten riskiert der Jäger eine sehr hohe Wildbretentwertung. Zudem führt bereits ein leichter seitlicher Versatz zu Fehlschüssen beziehungsweise zu Schüssen, die nur einen Lungenflügel treffen. Aus unserer Sicht sollten diese Schüsse deshalb unterbleiben, es sei denn, das Stück wurde bereits verwundet und es gilt, einen raschen Fangschuss anzutragen.

DER SCHUSS HOCH ODER RUNTER

Diese Situation kommt in der jagdlichen Praxis häufig vor. Wer viel vom Hochsitz aus jagt oder mit dem Klettersitz auf Verjüngungsflächen weidwerkt, kennt diese Situationen. Wird in steilem Winkel geschossen, muss jeder Jäger sich zuvor bewusst machen, dass das Geschoss nicht auf den Wildkörper treffen wird, wo das Absehen im Moment der Schussabgabe saß. Ab

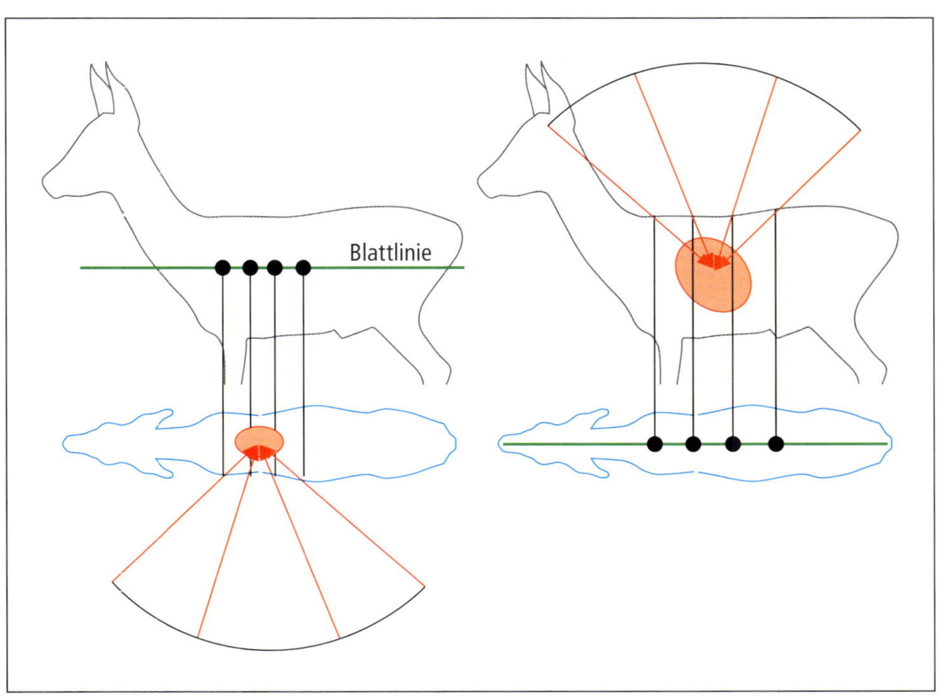

Bei Schüssen auf nicht ganz breit stehende Stücke Wild werden rasch Organe verletzt, die eigentlich nicht verletzt werden sollen.

Die Schussabgabe steil nach oben oder unten erfordert vom Schützen eine Korrektur des Haltepunkts.

einem Winkel von 20 ° muss der Schütze deshalb seinen Haltepunkt verlagern. Nach unserer Erfahrung fällt diese Verlagerung des Haltepunkts vielen Jägern schwer. Deshalb gilt in vielen Fällen Regel 7.

7. Schüsse mit einem Winkel über 20 ° sollten unterbleiben, wenn der Schütze die Treffpunktverlagerung nicht beherrscht.

Wird aus erhöhter Position mit einem Winkel größer 20 ° geschossen, können die meisten Schützen die Treffpunktlage nicht mehr richtig einschätzen. Fehlschüsse oder angeschweißte Stücke sind dann häufig die Folge. Doch welche Regeln gelten für Winkelschüsse?

8. Bei Schüssen von oben nach unten muss höher angehalten werden.

9. Bei Schüssen von unten nach oben muss tiefer angehalten werden.

Diese beiden Regeln gelten, wenn die Blattlinie als Referenz für den horizontalen Haltepunkt angenommen wird. Noch einfacher ist die Orientierung an der horizontalen Linie, die den Wildkörper optisch halbiert.

KOMBINATIONEN VON SCHUSSSITUATIONEN

Noch herausfordernder wird die Schussabgabe, wenn Winkelschüsse auf schräg stehende Stücke abgegeben werden sollen. Wird beispielsweise abwärts ein Stück anvisiert, welches im 45 °-Winkel in Richtung des Schützen steht, müssen die Regeln #4 und #8 kombiniert werden.

Bei der Jagd ist der Jäger darauf angewiesen, dass solche kombinierten Situationen, die eine besondere Herausforderung in Bezug auf die Schussabgabe darstellen, zuvor trainiert wurden. Nur so besteht die nötige Routine, um in einer realen Jagdsituation den korrekten Haltepunkt zu wählen.

EINSCHIESSEN DER OPTIKEN

Bevor Wärmebildvorsätze bei der Jagd eingesetzt werden, müssen diese zwingend eingeschossen werden. Andernfalls kann es zu teils sehr großen Treffpunktabweichungen kommen.

Da Wärmebildvorsatzgeräte erst seit Kurzem für den jagdlichen Einsatz zugelassen sind, stellt das Einschießen der Geräte einen Großteil der Jäger vor eine echte Herausforderung. Außerdem gibt es viele verschiedene Ansätze, um Wärmebildgeräte sowie digitale Nachtsichtgeräte einzuschießen. Bei der digitalen Nachtsichttechnik und Wärmebildvorsatzgeräten werden Lichtstrahlen unterschiedlicher Wellenlängen mittels eines Foto-/Videosensors beziehungsweise Bolometers in Bilder umgewandelt, die vom menschlichen Auge wahrgenommen werden können. Die Darstellung der umgewandelten Bilder findet bei beiden Technologien auf einem digitalen Display statt. Werden diese Geräte an Zielfernrohren montiert, schaut der Jäger folglich durch das Zielfernrohr auf ein Display. In der Regel sind hochwertige Geräte bereits ab Werk exakt zentriert, sprich, das Absehen der Tageslichtoptik zeigt auf den Punkt des Displaybildes, wo der Einschuss zu vermuten ist. Oder anders: Die optische Achse des Vorsatzgerätes, welche durch die Mitte des Okulars (Bildschirms) und die Mitte des Objektivs verläuft, muss auf der gleichen Achse der Tageslichtoptik liegen. In der Praxis kann es durch Kombination von Vorsatzgeräten

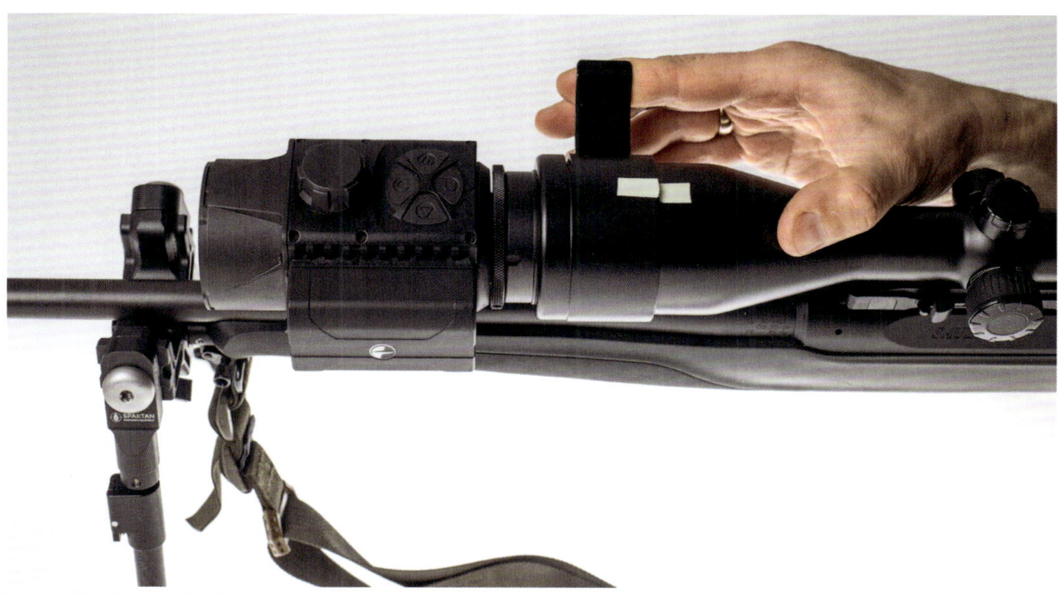

Der Adapter hat bei Vorsatzoptiken eine entscheidende Bedeutung.

und Zielfernrohren jedoch immer mal wieder zu Problemen kommen, die dazu führen können, dass der Zielpunkt nicht dem Treffpunkt entspricht:

— Die Vergrößerung der Tageslichtoptik entspricht nicht der Vergrößerung des Vorsatzgerätes.Somit ergeben sich unterschiedliche Bildproportionen. Dies kann zu einer verändertenTreffpunktlage führen.
— Verkantete Montage des Vorsatzgerätes (horizontaleoder vertikale Verkantung ist möglich).
— Die Ausrichtung der Montage der Tageslichtoptik passt nicht zur Visierlinie der Tageslichtoptik. Dies kann vorkommen, wenn der Büchsenmacher unsauber gearbeitet hat und die Visierlinie seitlich zur Laufseelenachse montiert wurde.
— Falsche Justierung mittels der Verstelleinheiten der Tageslichtoptik. Digitale Geräte können nicht ohne Weiteres über die Verstelleinheiten der Zielfernrohrs justiert werden!

Aus diesem Grund ermöglichen die meisten Hersteller eine digitale Bildkorrektur in den Geräten. Diese Korrektur ist jedoch im Unterschied zum Einschießen eines Tageslichtzielfernrohrs ein rein visueller Vorgang. Dieses Konzept sieht vor, dass die Trefferkorrektur ohne einen einzigen Schuss durchgeführt werden soll.

DIE VISUELLE KORREKTUR DER TREFFPUNKTLAGE

Das Vorgehen bei dieser visuellen Korrektur der Treffpunktlage ist nahezu bei allen auf dem Markt verfügbaren Geräten identisch. Gehen Sie zur Korrektur folgendermaßen vor: Richten Sie das Absehen der Tageslichtoptik auf ein 100 m entferntes Ziel aus. Die Waffe muss dabei so fixiert werden, dass sie nicht mehr aus dem Ziel wandern kann. Am besten ruht die Waffe deshalb in einem stabilen Schießstock oder gar einem Anschießbock. Wenn die Tageslichtoptik ausgerichtet wurde, setzen Sie das Vorsatzgerät auf die Tageslichtoptik. Entspricht nun das Bild auf dem Display des Vorsatzgerätes dem Bild, welches Sie in der Tageslichtoptik gesehen hatten, muss keine Korrektur vorgenommen werden. Sollte das Absehen der Tageslichtoptik allerdings auf einen anderen Punkt im Display des Vorsatzgerätes als den zuvor eingerichteten Zielpunkt zeigen, muss eine Bildkorrektur vorgenommen werden. Bei allen modernen Geräten gibt es einen Menüpunkt mit der Bezeichnung „Bildkorrektur". Wählen Sie diesen Menüpunkt aus und verschieben Sie mittels des Drehreglers beziehungsweise der Druckknöpfe das Bild so lange, bis das Absehen der Tageslichtoptik auf den zuvor anvisierten Zielpunkt zeigt. Folglich findet die Korrektur der Treffpunktlage rein visuell statt und kann jederzeit ohne viel Aufwand wiederholt werden. Ein Probeschuss ist nach diesem Vorgang jedoch unerlässlich! Ein einmal justiertes Gerät kann wiederholgenau montiert werden. Allerdings müssen dazu folgende Punkte beachtet werden: Am Adapter des Gerätes sowie an der Tageslichtoptik wird jeweils ein Referenzpunkt benötigt. Diese Punkte zeigen an, ob das Vorsatzgerät an exakt derselben Stelle montiert wurde, wie beim Einschießen des Gerätes. Hierbei helfen moderne Adapter, die am gesamten Objektiv der Tageslichtoptik klemmen. Bei diesen Adaptern ist jedoch zu beachten, dass sie in der Regel deutlich länger als bislang übliche Adapter sind. Sie passen deshalb nicht zu jeder Objektivlänge. Einen weiteren Referenzpunkt zur Kontrolle der wiederholgenauen Montage bieten die Vorsatzgeräte selbst. Zahlreiche Hersteller stellen uns Jägern eine Art Hilfsmenü zur Verfügung, welches ebenfalls in der Lage angepasst werden kann. Diese Hilfsmenüs haben meist eine quadratische Form. Wurde das Vorsatzgerät montiert und anschließend ein Kontrollschuss abgegeben, muss nur noch das Hilfsmenü am Absehen der Tageslichtoptik ausgerichtet werden. Beim erneuten Montieren des Vorsatzgerätes kann das Hilfsmenü nun als Referenzpunkt genutzt werden.

ZUSATZFUNKTION VIELER HERSTELLER

Es gibt einen zusätzlichen Kniff bei zahlreichen Geräten aus Osteuropa, um die Wiederholgenauigkeit zu erhöhen. Die meisten dieser Geräte verfügen über ein sogenanntes Vier-Felder-Menü, welches über die Tabellenkorrektur in der Position verschoben werden kann. Diese Funktion kann für das wiederholgenaue Montieren genutzt werden. Gehen Sie dazu folgendermaßen vor:

— Zunächst müssen die Geräte über die eingangs beschriebene Weise bei Bedarf visuell korrigiert werden.
— Verschieben Sie danach das Vier-Felder-Menü über die Funktion Tabelcorrection oder Tabellenkorrektur, sodass die Linien des Menüs mit den Linien des Absehens übereinstimmen.
— Nun kann bei jeder erneuten Montage anhand der Menüposition überprüft werden, ob das Vorsatzgerät richtig sitzt.

FEHLERQUELLEN BEIM JUSTIEREN

Schießstandbesuche auf modernen Einrichtungen sind kostspielig und meist aufgrund relativ langer Anfahrtswege mit hohem Zeitaufwand verbunden. Aus diesem Grund sollte bereits vor dem Schießstandbesuch das benötigte Material zusammengestellt werden. Außerdem kann die digitale Bildkorrektur der Geräte bereits vor dem eigentlichen Schießstandbesuch durchgeführt werden. Das spart im Zweifel viel Zeit. Nicht immer reicht ein Wärmepad aus, um ein Vorsatzgerät sauber einzuschießen. Nehmen Sie deshalb mindestens fünf Wärmepads mit zum Stand. Weiterhin sollte ein kleines Maßband stets griffbereit sein. Ein weiterer oft gemach-

Sitzt der Adapter nicht richtig, kann die Treffpunktlage von der beim Einschießen des Vorsatzgerätes erheblich abweichen.

Sollte die Optikkombination aus Zielfernrohr und Vorsatzoptik mal irgendwo anschlagen, ist ein Probeschuss obligatorisch.

ter Fehler geschieht bei den Korrekturen am Vorsatzgerät. Bei herkömmlichen Zielfernrohren wird die Korrektur immer in die Richtung vorgenommen, in die der Schuss gehen soll. Bei den meisten digitalen Geräten (Betriebsanleitung beachten) wird die Korrektur in Richtung des Schusses vorgenommen. Ein weiterer Fehler ergab sich in einem Gespräch mit einem unserer Kunden: Der Jäger hatte das Vorsatzgerät auf dem Schießstand mit 6-facher Vergrößerung eingeschossen. Im jagdlichen Einsatz nutzte er jedoch eine 2,5-fache Vergrößerung. Durch den Vergrößerungswechsel kam es bei der genutzten Kombination zu einem Tiefschuss. Nach dem beobachteten Tiefschuss wurde die Zielfernrohr-Vorsatzgerät-Kombination auf dem Schießstand erneut probegeschossen. Mit nun genutzter 8-facher Vergrößerung saßen die Treffer exakt dort, wo sie hin sollten. Im Rahmen eines Beratungsgespräches ergab sich dann, dass als Zielfernrohr eine verhältnismäßig günstige Optik zum Einsatz kam, deren Absehen in der 2. Bildebene liegt.

Und genau hier liegt das Problem! Werden Zielfernrohre mit einem Absehen in der 2. Bildebene genutzt, kann es beim Vergrößerungswechsel zu teils erheblichen Treffpunktverlagerungen kommen, wenn das Absehen bei der Herstellung des Glases nicht exakt zentriert wurde. Aus diesem Grund empfehlen wir immer, ein Vorsatzgerät mit der Vergrößerungseinstellung einzuschießen, die auch bei der Jagd genutzt wird. Zusätzliche Sicherheit geben mehrere auf dem Schießstand abgegebene Probeschüsse mit veränderter Vergrößerungseinstellung. Ab und an kommt es nach einer großen Zahl abgegebener Schüsse zu einer veränderten Treffpunktlage. Dies liegt in den meisten Fällen in einem nicht ausreichend fest angezogenen Adapter begründet. Es kommt also zu einer Bewegung des Vorsatzgerätes samt Adapter. Die meisten Adapterhersteller geben ein Drehmoment der Feststellschraube des Verschlusshebels im geschlossenen Zustand von 1 bis 1,5 nm an, mit der die Adapter festgezogen werden sollen.

SCHIESSEN AN DER KIRRUNG

An der Kirrung kommt es häufig zu Schüssen mit besonders kurzen Schussentfernungen. Klingt auf den ersten Blick leicht zu beherrschen. Doch um diese Situationen zu meistern, muss der Schütze einiges beachten.

Im Rahmen unserer Schießausbildungsseminare schilderte uns ein Kunde ein Jagderlebnis, das dem Schießen an der Kirrung sehr nahe kommt und nahezu identische Herausforderungen mit sich bringt. Vom Hochsitz aus wurde ein Stück Rehwild in sehr steilem Winkel beschossen. Doch anstatt des erwarteten Treffers auf dem Stück kam es zu einem Tiefschuss, sodass das Reh unterschossen wurde. Die Grundlagen des Winkelschießens waren dem Jäger bestens bekannt. Trotzdem kam es zu dem beschriebenen Vorfall. Was war also passiert?

WIESO WURDE DAS REH UNTERSCHOSSEN?

Der durchgehende Visierbereich bezeichnet die Strecke, auf der der Schütze den Haltepunkt der Waffe nicht verlegen muss und immer einen tödlichen Treffer aus jagdlicher Sicht erzielt. Betrachtet man den durchgehenden Visierbereich bei einer Standardbüchse, wird der wahrscheinliche Grund für das Unterschießen schnell klar. Sollten Sie Ihre Waffe mit 4 cm Hochschuss auf eine Entfernung von 100 m eingeschossen haben, schneidet das Geschoss das erste Mal die Visierlinie bei rund 35 m. Dieser Wert ist natürlich abhängig von Kaliber, Waffe sowie Geschoss.
Nun wollen wir anhand eines etwas überzeichneten Beispiels den Winkelschuss auf kurze Distanz darstellen. In unserem Beispiel denken wir uns eine Büchse mit 8 cm Visiererhöhung und unterstellen die Nutzung eines 168 gr Geschosses im Kaliber .308 Win. Bei dieser Konfiguration schneidet das Geschoss die Visierlinie das erste Mal bei rund 55 m und das zweite Mal bei etwa 190 m. Wird nun mit dieser Konfiguration auf Distanzen unter 55 m geschossen, kommt es folglich immer zu einem Tiefschuss.

Kirrungen liegen teils sehr nah an der Ansitzeinrichtung. Die Schussdistanz ist dann entsprechend niedrig.

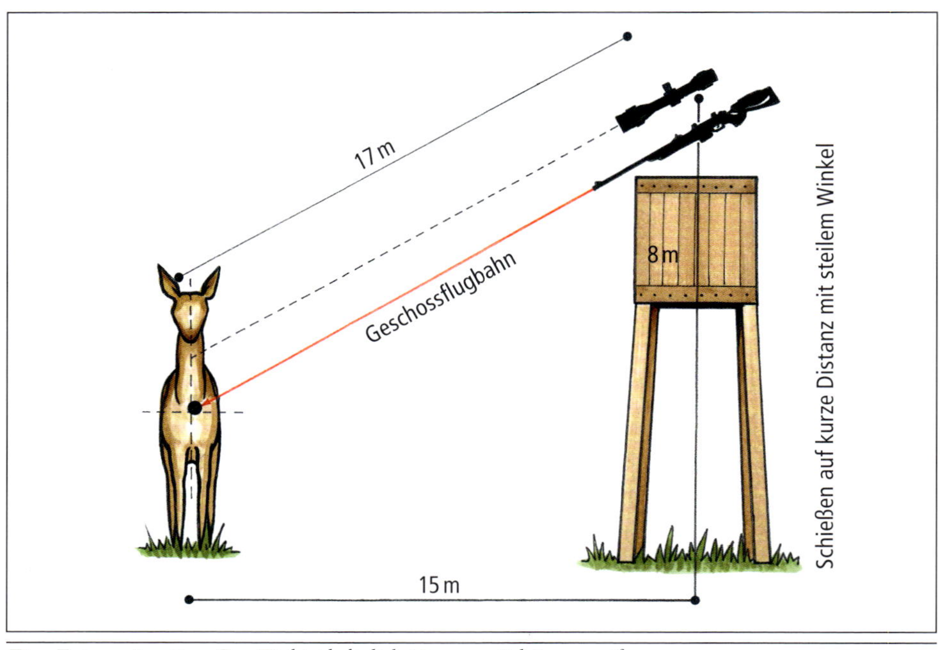

Eine Extremsituation: Das Ziel ist lediglich 15 m vom Schützen entfernt.

Auf oben platzierter Abbildung ist eine Jagdszene dargestellt, die der durch unseren Kunden geschilderten ähnlich sein kann. In der skizzierten Situation schießt ein Schütze aus einer 8 m erhöhten Position auf ein Reh, welches nur 15 m entfernt steht. Mit der oben dargestellten Waffenkonfiguration ist auf diese Entfernung ein Tiefschuss von rund 6 cm zu erwarten. Der Schütze wird aber vermutlich wie gewohnt auf der Blattlinie anhalten. Ein Tiefschuss von 6 cm würde bei einem Schuss auf die Bockscheibe zwar deutlich tiefer als der Haltepunkt liegen. Unter Umständen wird – je nach Haltepunkt – dennoch die 10 angekratzt. Folglich wäre dies ein guter Treffer. Allerdings muss bei dem zuvor skizzierten Winkelschuss beachtet werden, dass der Wildkörper keine Scheibe, sondern ein dreidimensionales Ziel darstellt. Für eine sichere Tötungswirkung ist deshalb der Haltepunkt in dem Fall zwingend nach oben zu korrigieren! Die nebenstehende Abbildung soll diesen Effekt aus verschiedenen Betrachtungswinkeln verdeutlichen.

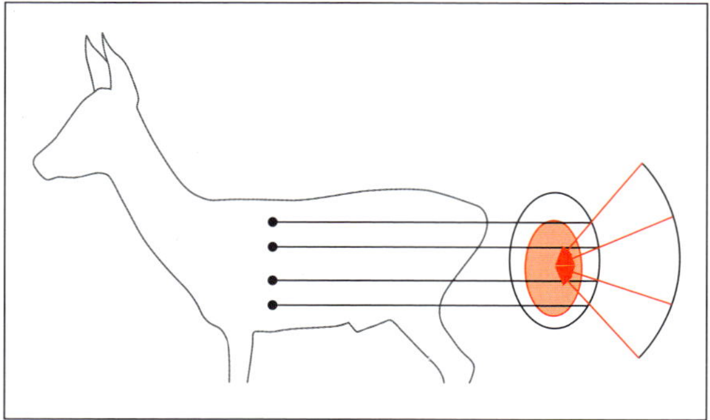

Bei starken Winkelschüssen muss der Haltepunkt entsprechend korrigiert werden.

HALTEPUNKT BEI WINKELSCHUSS

Praktische Übungen mit scharfem Schuss zu diesen besonderen jagdlichen Situationen sind auf Schießständen in der Regel nicht möglich. Um im Fall der Fälle dennoch routiniert sowie entschlossen zu handeln, sollte sich der Jäger bereits vor der Jagd mit den

Besonderheiten von Winkelschüssen auseinandersetzen. Dabei gilt es, neben aller allgemeinen Theorie auch die eigene Waffen-Optik-Kombination dringend zu beachten. Zunächst sollte der ungefähre Abstand der Visierlinie zur Laufseelenachse ausgemessen werden. Anschließend kann der Jäger mittels eines Ballistikrechners die Geschossflugbahn berechnen. Dabei reichen die kostenlosen Rechner von Strelok vollkommen aus.

Beim Vermessen der Waffe sollte folgendermaßen vorgegangen werden:

- Messen Sie den Durchmesser des Verschlusses.
- Messen Sie den Außendurchmesser des Okulars.
- Messen Sie den Abstand von der Unterkante des Verschlusses zur Oberkante des Okulars.
- Subtrahieren Sie den halben Verschlussdurchmesser und den halben Okulardurchmesser von der Gesamthöhe und Sie erhalten die Visiererhöhung (meist etwa 6 cm).

Wenn die eigene Waffe vermessen und die daraus resultierende ballistische Kurve berechnet wurde, können die Werte auf dem Schießstand insbesondere für kurze Schussentfernungen überprüft werden. Für die Zukunft herrscht dann Gewissheit, wie stark der Haltepunkt bei Schüssen im Nahbereich korrigiert werden sollte.

Grundsätzlich lässt sich in der Praxis auch folgende Faustformel anwenden: Wählen Sie als Haltepunkt stets die Hälfte des Bereiches, den Sie tatsächlich sehen. Das bedeutet, dass Sie das nächste Mal beim Winkelschuss auf kurze Distanz nicht auf der sonst üblichen Blattlinie anhalten, auch wenn das bedeutet, Ihren Haltepunkt bis fast auf den Rücken zu verlegen.

Eine Möglichkeit zur Übung des zuvor skizzierten Vorgehens ist das Training mit einer Laserpatrone und entsprechenden elektronischen Zielen (z. B. SureStrike Cartridge der Firma Laser Ammo). Diese können mit reaktiven Zielen (I-MTTS) der Firma Laser Ammo kombiniert werden.

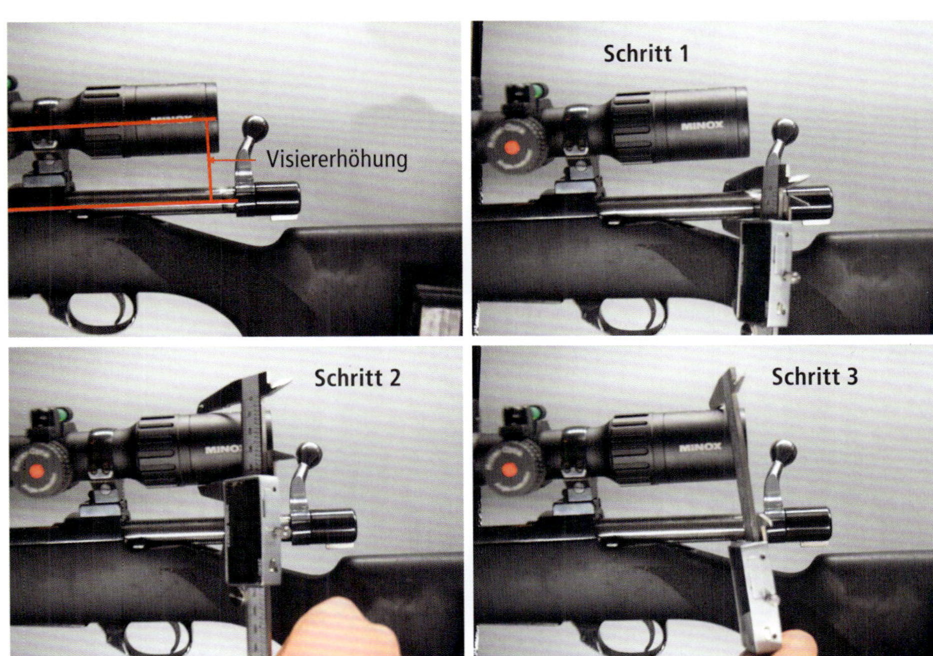

So messen Sie den Abstand von der Visierlinie zur Laufselenachse.

JAGDPRAXIS

ANSPRECHEN

Entscheidender Vorteil von Wärmebild- und Nachtsichttechnik ist neben der sicheren Schussabgabe auch das Ansprechen der Stücke. Doch damit dies zielsicher gelingt, muss der Jäger einiges beachten.

Das sichere Ansprechen erfordert insbesondere bei Nutzung von älteren Wärmebildgeräten sehr viel Übung. In unserer Kulturlandschaft ist neben flächig vorkommenden Nutztieren mittlerweile auch mit Biber, Fischotter, Wildkatze, Wolf oder Luchs zu rechnen. Wir Jäger müssen deshalb stets und überall damit rechnen, dass Tiere in Anblick kommen, die nicht bejagt werden dürfen. Handelt es sich beispielsweise um Schafe oder einen Sprung Rehe? Wie im Vorfeld bereits beschrieben, kann eine Erkundung bei Tageslicht Aufklärung darüber geben, wo gerade Weidetiere im Revier stehen. Neben den Konturen des Wildkörpers ist insbesondere das Verhalten des beobachteten Tiers für die Ansprache von entscheidender Bedeutung. Dieses Verhalten ist bei zahlreichen Wildtierarten außerordentlich markant und lässt sich auch im Wärmebildgerät bestens beobachten. Beispielsweise Dachse nutzen in der Nacht – wie auch zahlreiche weitere Raubwildarten – gern befestigte Wege für ihre nächtliche Pirsch. Die nicht vorhandene Lunte, der kompakte sowie tiefliegende Wildkörper und das zuvor beschriebene Verhalten bei der Fortbewegung lassen den geübten Jäger „Schmalzmann“ bereits auf große Entfernung erkennen. Ähnliche Muster lassen sich auch für

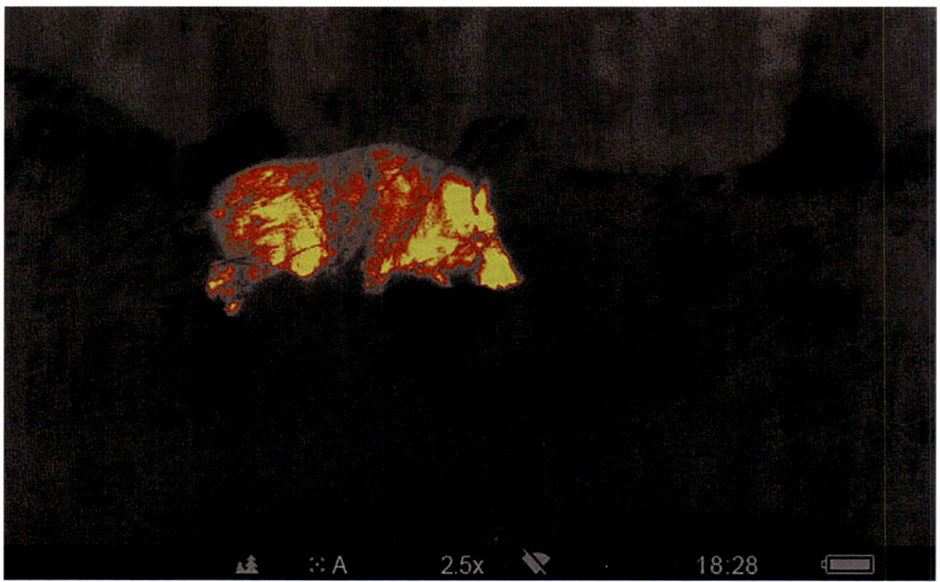

Wild lässt sich mit Wärmebildgeräten sehr rasch finden. Ein genaues Ansprechen ist jedoch eher schwierig.

Merkmale der Schwarte oder die spezifische Form des Kopfes bei Sauen lassen sich auf den Bildern eines Wärmebildgerätes in der Regel nicht erkennen.

zahlreiche weitere Wildtierarten erkennen. Verwechslungsmöglichkeiten mit Schwarzwild gibt es kaum. Alle anderen regelmäßig vorkommenden Schalenwildarten (Rot-, Dam-, Sika-, Reh- und Muffelwild) sind durch den deutlich sichtbaren Träger sehr gut zu erkennen. Auch allein durch das in der Regel im Rottenverband vorkommende Schwarzwild lässt sich die Wildart im Wärmebildgerät bereits auf große Distanzen ansprechen. Lediglich bei einzelnen geringeren Sauen kann die Ansprache schwerfallen. Dann hilft nur eine Annäherung ans Stück. Denn vergleichbar mit der Situation bei Tageslicht fällt das Ansprechen auf kürzere Distanzen auch in der Nacht natürlich stetig einfacher. Auch für die Ansprache des Geschlechts ist eine verhältnismäßig geringe Entfernung zum Stück zwingend notwendig. Nur auf kurze Entfernungen sind Milchleiste oder Brunftrute sicher erkennbar. Die Ansprache des Geschlechts über typische, bei Tageslicht sehr gut erkennbare Merkmale, wie abfallende Rückenlinie bei einem Keiler, blitzendes Gewaff, Winterschwarte bis in den Sommer rein bei säugenden Bachen, deutlich erkennbare Quaste, keilförmiger Kopf und lang wirkendes Gebrech bei Bachen, bleiben in aller Regel beim Blick durchs Wärmebildgerät verborgen.

Neben der Praxis im Revier im Rahmen der Jagdausübung lässt sich das Ansprechen von Sauen durchs Wärmebildgerät prima in Wildparks üben. Da die Geräte problemlos auch bei Tageslicht nutzbar sind, können die Wutzen zunächst mit dem Fernglas oder bloßen Auge angesprochen werden. Mit diesem Wissen wird dieselbe Sau danach durchs Wärmebildgerät beobachtet. Da die meisten Wärmebildgeräte über eine Aufnahmefunktion für Fotos sowie Videos verfügen, können die dabei gemachten Beobachtungen festgehalten und im Nachgang daheim für weitere Ansprechübungen genutzt werden. Und auch hier ergeben sich Vorteile bei der nächtlichen Pirsch zu zweit. Denn vier Augen sehen eben manchmal mehr als nur zwei. Geräusche von Sauen können häufig nur in unmittelbarer Nähe zu den Stücken wahrgenommen werden.

Die beschossene Sau sollte nach der Schussabgabe dringend weiter beobachtet werden. Mit Wärmebildvorsätzen gelingt dies sogar über weite Fluchtstrecken.

Im Unterschied zu anderen Schalenwildarten gleicht das Zeichnen bei Schwarzwild häufig nur einem leichten Rucken im Wildkörper.

Denn nicht immer verursachen teils schwere Stücke Schwarzwild Geräusche. Während eine vertraut brechende Rotte im Grünland neben der Fraßaufnahme auch durch soziale Interaktion zwischen den Stücken teils deutlich wahrnehmbare Laute verursacht, tauchen ganze Rotten im Wald teils wie aus dem Nichts auf, ohne dass wir Jäger zuvor auch nur einen Knacks gehört haben. Trotz des klobigen Wildkörpers können Sauen elegant leise unterwegs sein.

In der Jagdliteratur haben bereits zahlreiche, erfahrene Schweißhundführer eine Fülle an Material rund um das Zeichnen von Schwarzwild nach dem Schuss zusammengetragen. Diese theoretischen Grundlagen in Wort und Bild müssen durch eigene Praxiserfahrungen erweitert werden, damit Situationen nach dem Schuss richtig gedeutet werden können. Nur wer viel jagt, wird auch Schuss- und Pirschzeichen lesen lernen. Die oft gehörte Aussage: „Ich hatte noch nie eine Nachsuche", deutet eher auf mangelnde Jagdgelegenheit als auf perfekte Schießkünste hin. Sie lässt viel mehr vermuten, dass das Gegenüber schlicht und einfach wenig Jagderfahrung hat – denn wer nicht schießt, kann auch nichts falsch machen. Keinesfalls soll an dieser Stelle die Bedeutung einer verantwortungsvollen Jagd herabgestuft werden. Doch vom Jagdfieber gepackt, kommt es selbst bei äußerst routinierten Jägern in seltenen Fällen dazu, dass der Schuss nicht dort sitzt, wo er hinsollte.

Das Erkennen von Schusszeichen kann bei guten Lichtverhältnissen deutlich besser erlernt werden als in der Nacht. Der Blick durchs Feuer ist bereits bei Tageslicht für viele Jäger anspruchsvoll. In der Nacht wird er durch möglicherweise vorhandenes Mündungsfeuer sowie schlechte Lichtverhältnisse deutlich anspruchsvoller. Erfahrene Jäger erkennen in vielen Fällen das Zeichnen der Sauen im Wärmebildvorsatzgerät. Doch Vorsicht! Im Unterschied zu unseren anderen heimischen Schalenwildarten zeichnen Sauen teils gar nicht oder nur durch ein kaum wahrnehmbares Rucken im Wildkörper. Trotz Vorsatztechnik ist diese geringe Bewegung im kompakten Wildkörper des Schwarzwildes im Moment der Schussabgabe nahezu nicht sichtbar. Das zuvor beschriebene Verhalten ist manchmal selbst bei tödlich getroffenen Sauen vorhanden. Kommt das beschossene Stück aber nicht unmittelbar am Anschuss zum Liegen, verliert der Jäger es rasch im begrenzten Sehfeld der Zielfernrohr-Vorsatzgerät-Kombination aus dem Auge. Und selbst wenn das Stück Schwarzwild am Anschuss liegt, kann es durch Vegetationsteile (Getreidefeld, hohes Gras) verdeckt sein. Im Wärmebildgerät ist dann nichts mehr von dem Stück zu erkennen. In solchen Situationen ist es häufig hilfreich, vor dem Schuss die Anzahl der Sauen auf der Bildfläche zu ermitteln. Oft kann die flüchtende Rotte über größere Entfernungen nach dem Schuss noch beobachtet werden und so gelingt bei nicht allzu großer Anzahl an Sauen ein rasches Durchzählen. So kann rasch eingeschätzt werden, ob nach dem Schuss eine Sau in der flüchtenden Rotte fehlt.

Schlecht zu beobachtende Schusszeichen, bei denen Schwarzwild vom Anschuss flieht und in der Regel erst außerhalb des Sichtfeldes des Jägers zum Liegen kommt, sind:

- Leberschuss
- Weichschuss
- Laufschuss
- Nierenschuss
- Tiefblatttreffer
- Hochblatttreffer
- Gebrechschuss

Folgende Schusszeichen können sowohl bei Nacht als auch bei Tag beobachtet werden, da das Wild auf den Schuss hin zusammenbricht:

- Krellschuss
- Wirbelsäulentreffer
- Beckentreffer
- Blattschuss

DIE PIRSCHJAGD

Mit Einzug von Optronik hat sich insbesondere die Pirschjagd auf Sauen im Feldbereich stark weiterentwickelt. Mit der richtigen Vorbereitung lässt sich mithilfe der Technik und der richtigen Vorbereitung sicher Beute machen.

MORGENPIRSCH AUF SCHWARZWILD

Pirsch in den Stunden vor Sonnenaufgang – also mit zunehmendem Tageslicht – hat ihren ganz besonderen Reiz. Obendrein ist die Pirsch zu dieser Zeit besonders erfolgversprechend. Denn nach der nächtlichen Fraßaufnahme kehren Sauen in der ausgehenden Nacht zu ihren Tageseinständen zurück. Häufig bummeln die bereits gesättigten Schwarzkittel dabei regelrecht im Revier umher – insbesondere dann, wenn der Sonnenaufgang noch einige Zeit entfernt ist. Dabei sind sie häufig etwas unaufmerksam und erleichtern uns Jägern damit das Vorgehen. Besonders erfolgversprechend ist deshalb das Abfangen der Schwarzkittel auf dem Weg in Richtung ihrer Tageseinstände. Zwingende Voraussetzung dafür ist jedoch eine genaue Kenntnis über die Schwarzwildwechsel im heimischen Revier. Die Lage der Wechsel muss zuvor ermittelt und die Aktivität der Sauen auf den Wechseln ausgekundschaftet werden. So ist es für uns Jäger beispielsweise wichtig zu wissen, wann die Schwarzkittel auf welchem Wechsel im Revier ziehen. Welche Wege werden vom Tageseinstand in Richtung der Fraßplätze oder Suhlen genutzt, welche werden überwiegend in den Morgenstunden zur Rückkehr in Richtung der Tageseinstände genutzt?

Die Sauen wurden bei Dunkelheit erbeutet. Gepirscht wurde bis zum morgendlichen Sonnenaufgang.

Für das Einholen dieser Informationen können Wildkameras oder Kirrungsuhren genutzt werden. An einem Wechsel positioniert, liefert eine Wildkamera Informationen über Wildart, Aktivitätszeit sowie Richtung, in die das Wild auf dem Wechsel gezogen ist. Weiterhin können die Aufnahmen genutzt werden, um sich ein erstes Bild von den abgelichteten Stücken zu machen. Kirrungsuhren können neben ihrem eigentlichen Einsatzort an der Kirrung natürlich auch auf Wechseln positioniert werden. Dabei empfiehlt sich der Einsatz an einer Engstelle im Verlauf des Wechsels. Mit Ästen und anderem Material kann diese Stelle zusätzlich verengt werden. So ist die Wahrscheinlichkeit sehr hoch, dass die Uhr beim Passieren der Sauen umgestoßen wird. Natürlich liefert aber auch ein klassischer Reviergang wertvolle Hinweise. Stark frequentierte Sauenwechsel sind in der Regel schon von Weitem sehr gut sichtbar. Frisch angenommene Suhlen deuten ebenfalls auf die Aktivität der Schwarzkittel hin. Noch feuchter Schlamm an den Malbäumen sowie trübes Wasser in der Suhle lassen dies rasch erkennen. Ein erstes Ansprechen ist über das Fährtenbild auf den Wechseln und insbesondere im Umkreis zu den Suhlen sehr gut möglich. In dem feuchten und damit weichen Untergrund sind die Trittsiegel gut zu erkennen. So kann der Jäger sich ein Bild davon machen, mit welcher Gewichtsklasse an Schwarzwild ungefähr gerechnet werden kann. Aus dieser lässt sich dann grob ableiten, ob es sich um eine Bache mit noch sehr geringen Frischlingen oder um eine einzeln ziehende starke Sau handelt. In unserem Revier haben wir die Wechsel über die Jahre hinweg sehr gut ausgekundschaftet. Und verändert sich die Revierstruktur nicht wesentlich – beispielsweise durch Bau von Gebäuden oder einer stark frequentierten Straße – bleibt der Verlauf sowie die Lage der Wechsel identisch. Entscheidender Vorteil bei der Pirsch in den Morgenstunden ist, dass der Jäger dem Tageslicht „entgegenpirscht". Wurde Beute gemacht, kann eine eventuell notwendige Kontroll- beziehungsweise Nachsuche, das Bergen sowie Aufbrechen im Hellen gemacht werden. Dieser Umstand erleichtert die angesprochenen Tätigkeiten erheblich!

Die Gänge im Weizen lassen keine Zweifel an der Aktivität der Schwarzkittel zu.

Die frisch zerkauten Weizenähren sind Hinterlassenschaften beim Festmahl der Wutzen.

Wird neben der Beobachtungsoptik – meist ein Wärmebildhandgerät – ein Vorsatzgerät (häufig Nachtsichtgerät) genutzt, muss das zunehmende Umgebungslicht dringend beachtet werden. Nachtsichtgeräte auf Basis von Röhrentechnologie sollten in der morgendlichen Dämmerung frühzeitig ausgeschaltet werden. Andernfalls kann es bei zu starkem Lichteinfall zu irreparablen Beschädigungen an der Nachtsichtoptik kommen.

VERHALTEN AUF DER PIRSCH

Raubtiere und auch der Mensch entwickelten im Verlaufe der Evolution Tag- und Nachtsehfähigkeiten sowie die Möglichkeit, räumlich zu sehen. Beutetiere wie beispielsweise unsere Schalenwildarten hingegen haben einen möglichst weitreichenden Rundumblick entwickelt. Laut Professor Leo Peichl fiel dem weiten Rundumblick die Tiefenschärfe zum Opfer. Die Schalenwildarten nehmen somit nicht durchgehend scharfe Bilder wahr. Aktuelle Forschungsergebnisse lassen zudem vermuten, dass die Vertreter unserer Schalenwildarten nicht vollständig farbenblind sind. Auf der Netzhaut besitzen unsere Schalenwildarten zwei Farbsehbereiche (1. ultraviolett bis blau, 2. grün bis rot). Demnach sieht Schalenwild die Farbe Blau sehr gut. Grün, Gelb und Rot können jedoch nicht unterschieden werden. Eine vermutete Kurzsichtigkeit bei Schwarzwild konnte durch Prof. Peichl nicht bestätigt werden. Im Gegenteil: Es ist davon auszugehen, dass Schwarzwild schärfer als das übrige Schalenwild sieht, was auch das schnelle und sichere Fluchtverhalten erklärt. Gemeinsamkeit aller Schalenwildarten ist der außerordentlich gut ausgeprägte Geruchssinn. Dem Wind kommt auf der Pirsch deshalb eine ganz besondere Bedeutung zu! Beim Annähern an Wild sollte der Jäger stets Wind im Gesicht beziehungsweise halben Wind haben. Um dies im Gelände zu überprüfen, sollte ein Windprüfer auf der Pirsch stets griffbereit sein! Und nicht nur der Wind in unmittelbarer Umgebung zum

Kleine, unscheinbare Reflektoren sing gut geeignet, um den Pirschweg zu markieren.

Jäger sollte an dieser Stelle dringend beachtet werden! Bedenken Sie die Einflüsse des Geländes auf die Bewegungen des Windes. Es ist immer wieder erstaunlich, welche Auswirkungen tiefe Senken oder beispielsweise Heckenstrukturen auf den Verlauf des Windes im Gelände haben!

All dieses Wissen ist wichtig, um richtig einzuschätzen, wie sich der Jäger auf der Pirsch in welcher Phase verhalten sollte. Wir unterscheiden dabei zwei Phasen: die Pirsch im Gelände und das unmittelbare Annähern an das ausgemachte Wild. Für die Pirsch empfehlen wir die Nutzung von zuvor angelegten Pirschpfaden. Befestigte Wege, die gelegentlich für die Pirsch benutzt werden, können sehr hilfreich sein. Sie ermöglichen es häufig, ungesehen sowie lautlos Einstände, Wechsel sowie andere Punkte im Revier zu erreichen. Beim Anlegen von Pirschpfaden sollte darauf geachtet werden, dass diese nicht entlang von Höhenrücken führen. Das Wild würde die Silhouette des darauf pirschenden Jägers mit Leichtigkeit erkennen. Besondere Vorsicht sollte der Jäger auch an Waldrändern walten lassen. Waldränder haben zwar den Vorteil, dass der Jäger aus der Deckung auf die Offenfläche schauen kann. Waldränder sind jedoch für viele Wildarten bevorzugte Ruheorte im Revier. Verläuft der Pirschweg schnurstracks am Waldrand entlang, würde der Jäger somit häufig auf dort ruhendes Wild auflaufen. Entlang des gesamten Pirschpfades können mittels leichtem Flatterband aus Papier Windindikatoren positioniert werden. So ist der Jäger nicht permanent auf den mitgeführten Windprüfer angewiesen.

Nach Möglichkeit sollte stets der Schlagschatten von Bäumen zur gedeckten Pirsch und dem getarnten Verhoffen beim Abglasen des Geländes genutzt werden. Helle Strukturen im Wald sind strikt zu meiden.

Höhenrücken bieten zwar einen guten Überblick. Der Jäger wird hier jedoch rasch vom Wild entdeckt. Pirschwege sollten deshalb nicht dauerhaft auf Höhenrücken verlaufen.

Während der gesamten Pirsch gilt: Lieber stehen als gehen! Wild nimmt Bewegungen außerordentlich gut wahr. Der regungslos im Gelände stehende Jäger wird dagegen in den meisten Fällen nicht gesehen. Aus diesem Grund sollten sich Jäger fortlaufend nur wenige Meter bewegen, um dann in einer Phase des Stehens die Umgebung zu beobachten. Hat sich das Auge einmal an die Dunkelheit der Nacht gewöhnt, können Wildtiere in ausreichend hellen Nächten bereits ohne optisches Hilfsmittel beobachtet werden. Deshalb sollte der Jäger nicht durchgehend das Wärmebildgerät am Auge haben. Es gilt, zunächst die Umgebung mit dem bloßen Auge abzusuchen und danach mit dem Wärmebildgerät auf Nummer sicher zu gehen. Die Beobachtungshalts sollten mehrere Minuten dauern. Steht Wild in unmittelbarer Umgebung zum Jäger und wird dies den Pirschjäger aller Voraussicht nach bei der Weiterpirsch entdecken, sollte der Halt entweder zeitlich ausgedehnt werden, bis das Wild weitergezogen ist. Ist kein Weiterziehen des Wildes zu erwarten, sollte der Jäger eine andere Route im Revier einschlagen, um unnötige Beunruhigung zu vermeiden. Außerdem gibt das Gelände dem Jäger vor, wann ein Beobachtungshalt eingelegt werden sollte.

Wird die Waffe in der Silhouette des Körpers bewegt, ist dies für das Wild kaum wahrnehmbar.

BESSER STEHEN ALS GEHEN

In der zweiten Phase der Pirsch befindet sich der Jäger in unmittelbarer Nähe zum Wild. Dabei gibt es neben dem bereits angesprochenen Wind einiges mehr zu beachten. Vertreter unserer Schalenwildarten nehmen überwiegend Bewegungen war. Doch auch unnatürliche Formen sowie Silhouetten im Gelände werden rasch eräugt und sorgen zwar häufig nicht für panikartiges Flüchten, jedoch für eine erhöhte Aufmerksamkeit der Stücke. Aus diesem Grund sollte die menschliche Silhouette durch geeignete Kleidungsstücke möglichst verwischt werden. Beim Hantieren mit der Waffe sollte diese stets innerhalb der Silhouette des Körpers bewegt werden. Um die Waffe stets in der High- oder Low-Ready-Haltung vor dem Körper zu führen, sollte der Jäger leicht seitlich gehen. Das seitlich versetzte Gehen hat den Vorteil, dass die Beine voreinander geschoben werden können. Auf diese Weise kann zwischen den Beinen kein Licht hindurchscheinen. Um starke Geräuschbildung zu vermeiden, sollten Kleidungsstücke aus geräuscharmen Materialien (beispielsweise Loden) zum Einsatz kommen. Auch das Aufsetzen des Fußes im Gelände verursacht natürlich Geräusche. Grundsätzlich gibt es die Möglichkeit, den gesamten Fuß oder lediglich die Fußspitzen beim Pirschen aufzusetzen. Beides hat individuelle Vor- sowie Nachteile. Weiterhin kommt nicht jeder Jäger mit beiden Fortbewegungsmethoden gleich gut zurecht. Die Fortbewegung auf den Zehenspitzen ist jedoch auf jeden Fall die deutlich instabilere Gangart. Ohne Übung im Vorfeld zur aktiven Jagd gelingt diese Fortbewegungsvariante mit hoher Wahrscheinlichkeit nicht. Jeder Jäger sollte deshalb vor der nächtlichen Pirsch im Revier ausprobieren, welche Gangart ihm besser liegt. Durch die bereits angesprochene fehlende Tiefenschärfe im Sehvermögen unserer Schalenwildarten ist es sinnvoll, einen Gegenstand/Hindernis zwischen sich und das Wild zu bringen. Solitäre Bäume, Büsche oder ein Wisch können bei der gedeckten Annäherung an Wild im Gelände äußerst hilfreich sein. Der Jäger sollte jedoch stets beachten, dass er trotz dieser Hindernisse ausreichend Übersicht im Gelände hat, um das Geschehen im Blick zu behalten. Diese letzte Phase der Pirsch unmittelbar an Wild kann bedeuten, dass ein zuvor angepeilter Stand im Gelände erreicht oder auf dem Weg dorthin auf Wild getroffen wurde. In beiden Fällen sollten die zuvor beschriebenen Abläufe berücksichtigt werden, damit wir als Jäger unentdeckt bleiben. Damit nicht unnötig viel Ballast mitgetragen werden muss und sich der Jäger unmittelbar nach Erreichen eines zuvor definierten Standes einrichten kann, kann bereits bei Tageslicht im Stand einiges vorbereitet werden. So können beispielsweise eine Sitzgelegenheit (Sitzstock, Dreibein, Klappsitz) sowie ein Dreibein dort platziert werden. Das Dreibein als Auflage kann bereits aufgebaut und grob im Stand eingerichtet werden. Einen Zielstock sollte der Jäger auf dem Weg zu diesem bereits bei Tageslicht eingerichteten Stand auf der nächtlichen Pirsch natürlich trotzdem dabeihaben, kann er doch auf der Pirsch zum Stand bereits auf Wild treffen.

Bei seitlich versetztem Gehen fällt kein Licht zwischen den Beinen hindurch.

Ein Gehen auf den Fußspitzen ist grundsätzlich möglich. Es erfordert jedoch viel Übung.

VORBEREITUNG DER NACHTPIRSCH

Vorbereitung ist alles. Das gilt auch für die nächtliche Pirsch auf Sauen. Welche Arbeiten vor dem Pirschgang erledigt werden sollten – dazu mehr im Folgenden.

Da Schwarzwild in den meisten Revieren überwiegend zur Nachtzeit aktiv ist, findet die Jagd auf Sauen – abgesehen von Drück- und Erntejagden – ebenso schwerpunktmäßig in der Dunkelheit statt. Der Mond ist für den Sauenjäger, der Nachtsichtvorsatzgeräte verwendet, eine wichtige Planungsgröße. Im Unterschied zur Wärmebildtechnologie sind Nachtsichtgeräte (sowohl digital als auch analog) auf Restlicht in der Umgebung angewiesen. In vollkommener Dunkelheit oder Nächten mit außerordentlich wenig Restlicht (Neumondphasen) liefern die Geräte keine ausreichend hellen Bilder, um damit jagen zu können. In einigen Bundesländern ist die Verwendung von Infrarotstrahlern bei der Jagdausübung erlaubt (Gesetzeslage beachten!). Damit kann das Ziel – für Mensch und Tier unsichtbar – beleuchtet werden. Nachtsichtgeräte nehmen das Infrarotlicht wahr und das Bild wird heller. Ein Blick in

Bei der Nutzung von Wärmebildgeräten ist das Umgebungslicht irrelevant. Restlichtverstärker sind jedoch zumindest auf etwas Umgebungslicht angewiesen.

den Mondkalender im Vorfeld zur Jagd ist deshalb obligatorisch. Da der Mond nicht nur im Tagesverlauf wandert, sondern sich auch die Auf- und Untergangszeiten von Tag zu Tag verschieben, hat der Jäger nur verhältnismäßig kurze Zeitfenster, um erfolgreich jagen zu können. Denn nicht nur die Mondphase an sich ist dabei von Interesse! Neben der Mondphase ist die Höhe des Mondes für den Jäger enorm wichtig. Sie bestimmt maßgeblich die absolute Helligkeit in der Nacht (Nachthelligkeit). So kommt es dazu, dass die Helligkeit in einer Vollmondnacht im Juli nicht mit der Helligkeit in einer Vollmondnacht im Januar vergleichbar ist.

Für die Planung der nächtlichen Pirsch kann sehr gut der Tischoffsche Mondhelligkeitskalender genutzt werden. Die Mondhelligkeit und die Steighöhe des Mondes werden darin zur Berechnung eines Lichtwerts genutzt. Dieser Wert liefert exakte Informationen über die Nachthelligkeit zu einem bestimmten Zeitpunkt an einem bestimmten Ort. Die Skala dieser Lichtwerte reicht von 0 bis 10, wobei der Wert 10, den höchsten Helligkeitswert darstellt.

In Bezug auf die Jagd kann die Skala dabei für das bloße Auge wie folgt interpretiert werden:

0,0–3,5 Unzureichendes bis schwaches Mondlicht:

Der Wildkörper ist nur schwer erkennbar.

Ein Ansprechen der Stücke und die Zielerfassung durch die Zieloptik sind nicht möglich oder problematisch.

3,5–5,5 Bedingt brauchbares bis ausreichendes Mondlicht:

Die Konturen der Wildkörper sind erkennbar.

Ein grobes Ansprechen der Stücke nach Wildart und Größe ist möglich.

Die Zielerfassung ist weitgehend problemlos möglich.

5,5–7,5 Helles Mondlicht:

Es herrscht befriedigende bis gute Sicht.

Mit Infrarotstrahlern kann die Umgebung künstlich aufgehellt werden. Die Nutzung ist durch den Gesetzgeber reglementiert.

Die Konturen der Stücke sind klar hervortretend.

Ein sicheres Ansprechen ist gewährleistet.

Die Zielerfassung ist problemlos möglich.

ab 7,5 außerordentlich hell:

Es herrscht hervorragende Sicht – selbst auf größere Entfernungen.

Das Mondlicht durchdringt selbst geschlossene Wolkendecken.

Ein differenziertes Ansprechen des Wildes ist möglich.

Die Zielerfassung ist absolut problemfrei.

PIRSCHEN MIT WÄRMEBILDGERÄTEN

Im Unterschied zu Restlichtverstärkern können Wärmebildgeräte umgebungslichtunabhängig genutzt werden. Dies gilt sowohl für Beobachtungs- als auch Vorsatzgeräte. Sie können sowohl am Tag als auch bei Nacht verwendet werden. Wärmebildtechnologie ist nicht nur unabhängig vom Umgebungslicht, sondern auch weitgehend und abhängig von Witterungseinflüssen wie beispielsweise Nebel oder Regen nutzbar. Während starker Regen das Bild in einem Nachtsichtgerät stark beeinträchtigt, ist die Bildwiedergabe in einem Wärmebild-

Das Ansprechen von Wild mit Wärmebildgeräten erfordert Übung.

gerät nur geringfügig beeinträchtigt. Auf den ersten Blick liegen Wärmebildvorsatzgeräte damit deutlich im Vorteil. Doch Vorsicht! Beim Ansprechen und der Beurteilung der Kugelfangsituation haben Wärmebildgeräte im Vergleich zu Nachtsichtgeräten entscheidende Nachteile. Das Ansprechen von Wildarten mit nahezu identischer Größe kann für ungeübte Jäger bereits eine Herausforderung sein, sind doch durch das Wärmebildgerät keine „realen Abbildungen" der Stücke erkennbar. Merkmale wie beispielsweise die Farbe der Decke oder Schwarte sowie etwaige Muster auf die-

Beispielsweise das Gewaff eines Keilers ist mit einer Wärmebildoptik nicht erkennbar.

Im Rottenverband lassen sich Sauen deutlich leichter ansprechen als einzeln ziehende Schwarzkittel.

ser sind im Wärmebildgerät nicht erkennbar. Geweihe, Gehörne sowie ein möglicherweise am Wurf hervorblitzendes Gewaff bei einem Keiler sind ebenfalls für den Beobachter im Wärmebildgerät in der Regel nicht erkennbar.

Doch die technische Weiterentwicklung der Geräte macht natürlich keinen Halt. So sind mit aktuellen Wärmebildgeräten bereits Konturen an Geweihen von Rot- oder Damwild erkennbar. Beim Ansprechen von Schwarzwild hat der Jäger häufig den Vorteil, dass er Vergleichsmöglichkeiten unter den Stücken hat. Sauen kommen dem Jäger häufig im Rottenverband in Anblick. Allein durch den Größenvergleich lassen sich dann in der Regel Frischlinge innerhalb der Rotte ausmachen. Bei führenden Bachen ist die gut durchblutete Milchleiste mit ihren hervorstechenden Strichen sehr gut im Wärmebildgerät erkennbar. Ein freier Blick, ohne störende Vegetation zwischen Beobachter und Stück, ist dafür natürlich zwingende Voraussetzung. Bei stärkeren Stücken ist das Geschlecht häufig ebenfalls für den Jäger ansprechbar. Denn ebenso wie die Milchleiste bei führenden Bachen ist auch die Brunftrute sowie der diese umgebene Pinsel häufig im Wärmebildgerät erkennbar. Bei geringen Stücken Schwarzwild gestaltet sich die Ansprache des Geschlechts jedoch meist schwierig.

Neben dem Größenvergleich liefert auch das Verhalten der Schwarzkittel einige Informa-

Auch das Verhalten der Sauen liefert wertvolle Hinweise beim Ansprechen.

tionen, die bei der Ansprache der Stücke genutzt werden können. Insbesondere noch geringe Frischlinge sind auf die Führung des Muttertiers angewiesen. Sie befinden sich deshalb meist in unmittelbarer Umgebung zur zugehörigen Bache. Kommen die Stücke in Bewegung, ziehen die Frischlinge in der Regel unmittelbar hinter der Bache. Bei Gefahr suchen sie stets die Nähe des Muttertiers und rudeln sich dann häufig zu einem Pulk zusammen. Bei einer im Gebräch stehenden Rotte Sauen, die beispielsweise auf einem frisch abgeernteten Maisacker nach Fraß sucht, stehen häufig adulte Sauen etwas abseits der Rotte. Dies können zum einen Keiler sein, die, durch das reiche Fraßangebot angelockt, ganz zufällig in der Nähe der Rotte auftauchen. In unmittelbarer Nähe zum Rottenverband werden Keiler jedoch außerhalb der Rausche in der Regel nicht geduldet. Innerhalb der Rausche ist ein Keiler meist sehr gut an seinem Verhalten innerhalb des Rottenverbandes auszumachen. Neben seiner Großrahmigkeit zeigt er in der Rausche ausgesprochene Aktivität und umkreist beziehungsweise bedrängt nahezu dauerhaft weibliche Stücke aus der Rotte. Gegenüber Frischlingen zeigen rauschige Keiler häufig ein fast aggressives Verhalten. Mit Wurfstößen werden die Frischlinge von der zugehörigen Bache abgedrängt oder gar abgeschlagen. Fallen von der Rotte abseitsstehende, stärkere Stücke durch besondere Aufmerksamkeit auf, handelt es sich häufig um führende Bachen.

BEI DER NACHTJAGD GELTEN ANDERE GESETZE

Die Pirsch bei Nacht erfolgt in ähnlicher Weise wie die Pirschjagd in den Morgenstunden. In der Nacht gilt es aber, zudem einige Besonderheiten zu beachten. So sollte der nächtliche Pirschpfad so angelegt sein, dass sich der Jäger durchgehend im Mondschatten bewegen kann. Insbesondere in äußerst hellen Mondnächten ist dies von entscheidender Bedeutung. Denn die Silhouette des Jägers ist in hellen Mondnächten für das Wild bereits von Weitem erkennbar. Pirschpfade für die Nachtjagd

Bei einer im Gebräch stehenden Rotte Sauen stehen häufig stärkere Stücke etwas abseits der Rotte.

sollten als Ziel zudem immer eine Ansitzeinrichtung oder einen Bodenstand haben, der zuvor in Bezug auf Schussfeld, Hintergrundgefährdung und Kugelfang ausgekundschaftet wurde. Weiterhin sollte dieser Platz am Ende des Pirschweges geräuschfrei bezogen werden können. Quietschende Kanzeltüren, klemmende Kanzelfenster oder knarrende Ansitzleitern sind vollkommen fehl am Platz. Damit dies sichergestellt ist, sollte dieser Ort bereits bei Tageslicht inspiziert werden. Bereits im Vorfeld angelegte Pirschpfade sollten ein geräuscharmes Laufen selbst bei vollkommener Dunkelheit ermöglichen. Auf dem Weg liegendes Geäst oder Blätter sowie hervorstehende Wurzeln oder Stubben sind in der Nacht für uns Jäger nicht erkennbar. Dies sollte man sich bei der Anlage der Pirschpfade stets ins Gedächtnis rufen. Wechsel in unmittelbarer Umgebung der Pirschpfade sind ebenfalls zu beachten. Sie bieten dem Jäger zum einen die Möglichkeit, dort Beute zu machen. Zum anderen kann auf den Wechseln ziehendes Wild den Jäger bereits unter Umständen frühzeitig wahrnehmen. Die panikartige Flucht dieser Stücke würde auch Stücke in unmittelbarer Nähe zur Flucht veranlassen und den Pirschjäger damit leer ausgehen lassen.

Kommt es im Revier zu Wildschäden, wird von zahlreichen Jägern dort verständlicherweise schwerpunktmäßig gejagt. Doch zur Wildschadensabwehr sollten nicht nur die Schadflächen selbst, sondern auch die Wechsel in unmittelbarer Umgebung der Flächen im Auge behalten werden. Eine Freifläche wie beispielsweise Grünland bietet dem Jäger beste Möglichkeiten, um anwechselnde Sauen auf dem Weg zur Schadfläche abzufangen. Sind die Sauen bereits seit einigen Tagen in einem reifenden Weizenfeld aktiv, bietet die Schadfläche selbst häufig eine gute Jagdmöglichkeit. Voraussetzung dafür ist jedoch eine erhöhte Position des Jägers. Dies kann beispielsweise durch eine erhöhte Position im Gelände oder durch einen kurzfristig nahe der Schadstelle positionierten Drückjagdbock geschehen. So hat der Jäger bei ausreichend großen Schadflächen freie Sicht auf die Sauen im Feld. Innerhalb des Feldes fühlen sich bis dato dort nicht bejagte Sauen meist sehr sicher. Oft ziehen sie bereits in den Abendstunden noch bei Tageslicht in die Feldfrüchte, bieten diese neben Fraß obendrein sogar Deckung. Beim Ansprechen sollte sich der Jäger viel Zeit lassen. Insbesondere in den Sommermonaten ist der Blick unter die Bauchlinie der Stücke enorm wichtig, kommt es doch immer mal wieder vor, dass Bachen zu dieser Zeit noch sehr kleine und damit abhängige Frischlinge führen.

DAS BEOBACHTEN MIT DEM WBG

Mit dem Wärmebildgerät kann auf unterschiedliche Art und Weise das Umfeld beobachtet werden. Durch das helle Display ist es unvermeidbar, dass das zur Beobachtung genutzte Auge des Jägers sich diesem hellen Bild anpasst. Durch das Zusammenziehen der Pupille wird die Nachtsehfähigkeit auf dem Auge unweigerlich gemindert. Rechtsschützen sollten aus diesem Grund das Wärmebildgerät mit dem linken Auge benutzen. Linksschützen gehen entsprechend umgekehrt vor. Während das Zusammenziehen der Pupille sehr schnell geht, dauert die Anpassung des Auges an die Dunkelheit in der Nacht mehrere Minuten. Wird neben einem Beobachtungsgerät auch ein Vorsatzgerät genutzt, kann dieser Punkt vernachlässigt werden. Durch das verhältnismäßig helle Bild im Nachtsicht- beziehungsweise Wärmebildvorsatzgerät ist ein an die Dunkelheit angepasstes Auge des Jägers nicht erforderlich.

Das Wärmebildgerät zur Beobachtung wird grundsätzlich in vergleichbarer Weise wie das Fernglas am Tag eingesetzt. In regelmäßigen Abständen legt der pirschende Jäger Pausen ein und beobachtet die Umgebung.

An solchen Jagdschneisen ist an eine Schussabgabe ohne Vorsatztechnik in der Nacht meist nicht zu denken.

Dabei wird zunächst ohne das Wärmebildgerät beobachtet. In näherer Umgebung lässt sich in ausreichend hellen Nächten auch mit bloßem Auge Wild entdecken. Die erweiterte Umgebung wird dann mit dem Wärmebildgerät gescannt. Kommt Wild in Anblick, wird es kontrolliert angepirscht. Dazu wird zunächst der Wind geprüft. Unter Berücksichtigung dessen plant der Jäger den Weg in Richtung der zuvor ausgemachten Stücke. Neben der Deckung sollte dabei auch bereits eine mögliche Schussposition eingeplant werden, sollte eines der Stücke passen. Die „machbare" Schussentfernung ist dabei neben der individuellen Schießfertigkeit des Jägers unter anderem von der Leistung des verwendeten Vorsatzgeräts, der Einschießentfernung der Waffe sowie dem Kaliber abhängig. Insbesondere bei der eigenen Leistung sollte sich jeder Jäger realistisch einschätzen. Geht man zu zweit auf die Pirsch, hat das neben der geteilten Jagdfreude auch jagdpraktische Vorteile. So kann einer der beiden ausschließlich als Beobachter agieren. Die verlorene Nachtsehfähigkeit der Augen ist beim Beobachter irrelevant. Er kann demnach fortlaufend das Wild im Wärmebildgerät beobachten. Auch im Moment der Schussabgabe kann der Beobachter das Geschehen vollständig im Blick behalten.

ENTFERNUNGEN SCHÄTZEN

Das Abschätzen von Entfernungen beim Blick durch Nachtsicht- beziehungsweise Wärmebildgeräte ist deutlich schwieriger als bei der Nutzung von Tageslichtoptiken. Den meisten Jägern fällt dies mit Nachtsichtgeräten dabei etwas leichter, liefern sie doch ein Bild, das dem von Tageslichtoptiken ähnlich ist. Lediglich Farben werden deutlich abweichend dargestellt. Das Entfernungsschätzen mit Wärmebildgeräten ist ungleich schwerer. Verfügt man über keinen Laser-Entfernungsmesser, bleibt einem nicht viel mehr übrig, als auf den guten alten stadiametrischen Entfernungsmesser zurückzugreifen. Die stadiametrische Entfernungsmessung macht sich den Sachverhalt zunutze, dass Objekte, die weiter entfernt sind, kleiner erscheinen. Aus diesem Grund sind in Tageslichtoptiken häufig Eichmarken zu finden, die für eine definierte Zielbreite in einer ganz bestimmten Entfernung stehen. Ein Klassiker sind die ursprünglichen Zielfernrohrabsehen 1, 4 sowie 8. Bei diesen Absehen misst der Abstand zwischen den beiden dicken Außenbalken sieben Strich, was einer Breite von 70 cm auf einer Entfernung von 100 m entspricht. Man geht davon aus, dass der breit stehende Rehbock eine Breite von 70 cm hat. Folglich ist dieser rund 100 m entfernt, wenn er zwischen die beiden dicken Balken der Absehen 1, 4 oder 8 passt. Diese Regel gilt allerdings nur, wenn die Absehen entsprechend geeicht sind und sich das Absehen in der ersten Bildebene befindet. Sind diese Voraussetzungen gegeben, kann die zuvor beschriebene Entfernungsschätzung auch durch ein Vorsatzgerät vorgenommen werden. Um auf Nummer sicher zu gehen, empfiehlt es sich, die beschriebene Methodik auf dem Schießstand zu kontrollieren, denn auch die interne Vergrößerung der Vorsatzgeräte sollte an dieser Stelle dringend beachtet werden! Liegt das Absehen in der zweiten Bildebene, kann die stadiametrische Entfernungsermittlung nur in einer durch den Hersteller definierten Vergrößerungseinstellung genutzt werden. Diese Distanz ist der Produktbeschreibung zu entnehmen.

Zahlreiche Hersteller haben deshalb stadiametrische Entfernungsmesser in Wärmebildgeräten integriert. Diese sind in der Regel auf drei unterschiedliche europäische Wildarten geeicht. Ein großer Vorteil der internen stadiametrischen Entfernungsmesser ist, dass diese bei einem Wechsel der internen Vergrößerung des Beobachtungsgerätes die richtigen Proportionen beibehalten.

STATISCHES JAGEN BEI NACHT

Jäger mit viel Sitzfleisch können natürlich auch bei der klassischen Ansitzjagd an einem festen Ort im Revier Beute machen. Im Unterschied zur Pirsch verursacht die Ansitzjagd nur eine verhältnismäßig geringe Beunruhigung im Revier.

Dies gilt neben unserer Zielwildart Schwarzwild natürlich vor allem für alle anderen Wildarten, denen wir Jäger auf der nächtlichen Pirsch häufig begegnen. Weiterer wesentlicher Vorteil bei der statischen Jagd ist die Kenntnis über die Entfernung zum Ziel. Jagt der Jäger beispielsweise an einer Kirrung, ist die Entfernung zwischen Ansitzeinrichtung und Kirrstelle bekannt. Durch entsprechende Anlage der Kirrung kann der Jäger die Entfernung sogar selbst steuern und auf die eigenen Schießfertigkeiten beziehungsweise die verfügbare Technik abstimmen. Die Schwierigkeit der Entfernungsschätzung in Nacht- oder Wärmebildgeräten kann demnach vernachlässigt werden. Wenn allerdings immer vom gleichen Punkt geschossen wird, konditionieren wir das Wild auf diese potenziell gefährlichen Orte. Erfahrene Sauen kennen unsere jagdlichen Einrichtungen und auch alle anderen Wildarten sind bei entsprechender Erfahrung sehr sensibel in der Nähe der von uns Jägern häufig besuchten Stellen

Der Ansitz bietet den Vorteil, dass Wildarten abseits der Zielwildart Schwarzwild nicht durch den Pirschjäger beunruhigt werden.

im Revier. Keiner lernt so schnell wie der, auf den geschossen wird. Jedes Mal, wenn aus einem Familienverband ein Stück erlegt wurde und der Schütze womöglich fälschlicherweise unmittelbar nach dem Schuss zur Beute gestapft ist, verknüpfen die verbliebenen Stücke im Verband den Ort des Geschehens und den Jäger selbst mit der Erlegung. Die Stücke meiden dann häufig – zumindest für einen gewissen Zeitraum – diesen Ort im Revier. Werden die Orte nicht gänzlich gemieden, sind die Stücke in der Umgebung von Kirrungen oder häufig genutzten Kanzeln oft außerordentlich vorsichtig. Bei Tageslicht kann der Jäger dann sogar teils beobachten, dass erfahrene Stücke unmittelbar nach Austreten auf die Kirrung in Richtung der Kanzel äugen. Die potenzielle Position des Jägers ist demnach den Stücken bekannt.

Ebenso können unsere Schalenwildarten sehr gut Distanzen zu den jagdlichen Einrichtungen einschätzen. Auf Drückjagden lässt sich dieses Phänomen sehr gut erkennen und begreifen. Neu aufgestellte Drückjagdstände an bekannten Wechseln mögen bei den ersten abgehaltenen Bewegungsjagden Beute bringen. Aber ab einem gewissen Zeitpunkt berichten selbst erfahrene Drückjagdschützen davon, dass Wild im Anblick war, aber keine Möglichkeit zur Erlegung bestand, weil die Stücke schlichtweg außerhalb der für uns Jäger möglichen Schussbereiche gezogen sind. Flexibilität in Bezug auf die Ansitzposition macht uns Jäger für das Wild unberechenbar. Eine einzelne Kanzel an einer Kirrung bewirkt beispielsweise das genaue Gegenteil. Wie oft kommt es vor, dass die Sauen nach dem Abbaumen dann noch an der Kirrung waren, nachdem der Jäger bereits Stunden auf dem Ansitz verbracht hatte? Die erfahrene Bache ist mit ihrer Rotte zwar für den Jäger hörbar in der nahen Umgebung unterwegs. Aber die Bühne bleibt trotzdem leer – kein Wild kommt in Anblick. Unter Ausnutzung des Windes sucht die erfahrene Wutz so lange die Umgebung ab, bis absolute Sicherheit herrscht, dass die Gefahr Mensch nicht in der Nähe ist. Wird auch nur die geringste Wittrung wahrgenommen, verduftet die ganze Rotte

Stark durch Jäger genutzte Kanzeln sind dem Wild bekannt. Das Wild ist oft vorsichtig nahe dieser Ansitzeinrichtungen.

Der Drückjagdbock im Hintergrund ist weit genug entfernt. Die Bache kennt die benötigte Distanz.

Ist der Wildschaden ausgemacht, sollte hier in den Folgetagen schwerpunktmäßig gejagt werden.

Leichte, mobile Leitern lassen sich im Verlauf des Jagdjahres umstellen.

nahezu lautlos. Natürlich kann der Jäger auch Glück haben und ein paar neugierige Frischlinge treten auf die Kirrung. Weidmannsheil! Doch auch dann haben wir zumindest die Stücke in dieser Rotte wieder ein Stück schlauer gemacht.
Und so ist es nur eine Frage der Zeit, bis der Großteil der Sauen im Revier negative Erfahrungen mit den vorhandenen Kirrstellen gemacht hat. Viele erfolg- und sogar anblicklose Ansitze sind dann die Folge. Mit einem Intervalljagdsystem kann dem entgegengewirkt werden. In kurzen nur wenige Wochen andauernden Jagdintervallen wird den Sauen dann intensiv nachgestellt. In den Jagdpausen herrscht absolute Jagdruhe. Das Schwarzwild wird dann deutlich vertrauter und bei entsprechender Pausenlänge sowie ausreichender Reviergröße verändert sich sogar der Aktivitätszeitraum. So kann es in Revieren mit wenig Besucherdruck dazu kommen, dass Schwarzwild bereits in der Dämmerung aktiv ist und dann bejagt werden kann. Setzt dann die Jagdphase ein, ändert sich das natürlich wieder schlagartig. Bei anfallenden Wildschäden ist Intervalljagd natürlich keine Option. Zur Vermeidung der Schäden sollte schwerpunktmäßig unmittelbar auf oder nahe an den Schadstellen gejagt werden, damit ein Vergrämungseffekt erzielt wird. Die Jagd zur Wildschadensabwehr findet folglich genau dann statt, wenn erste Wildschäden zu beobachten sind.
Im Jahresverlauf macht es Sinn, mit leichten mobilen Leitern und Sitzen seine jagdliche Flexibilität zu erhöhen. Lassen es die Geländeverhältnisse zu, kann der Jäger komplett auf diese Ansitzeinrichtungen verzichten und sich beispielsweise mit dem Sitzstock oder einem mobilen Erdsitz auf dem Boden positionieren. So kann rasch auf Aktivitätsschwerpunkte der Sauen im Revier reagiert werden.
Nach Erkennen von Wildschäden oder stark angenommenen Wechseln können wir uns

beispielsweise nahe der folgenden Orte positionieren:

— Frisch gemähte Wiesen
— Frisch bestellte oder abgeerntete Felder
— Fehlstellen in Feldern
— Lagerstellen im Getreide
— Stark angenommene Suhlen
— Frequentierte Wechsel zwischen Feldern
— Laubholzbestände, die Mast tragen
— Wechsel zu Straßen, die im Rahmen des Winterdienstes mit Salz gestreut werden

Unter Berücksichtigung der Windverhältnisse kann es Sinn machen, zwei leichte Leitern an vielversprechende Stellen zu bringen. Doch jagt man allein im Revier, kommt es dann zur Qual der Wahl. Und nach eigenem Empfinden sitzt man dann stets an der Fläche an, wo die Sauen gerade nicht aktiv sind. Doch auch Sauen sind Gewohnheitstiere. Das machen wir Jäger uns ja auch bei der Kirrjagd zunutze. Und so ist es in der Regel so, dass Sauen, die beispielsweise in einem Feld Fraß fanden und unbejagt blieben, in der Folgenacht an diese Stelle zurückkehren. Bei der Jagd vom Boden aus ist der Jäger wahrlich auf Augenhöhe mit dem Wild. Das macht die Jagd für viele Jäger besonders reizvoll. Gleichzeitig erschwert dieser Umstand das Jagen. Denn der auf dem Boden verharrende Jäger wird vom Wild deutlich leichter wahrgenommen. So sollte der Tarnung des Schützen sowie dessen Position auf jeden Fall besondere Aufmerksamkeit geschenkt werden. Weiterhin müssen die Ansitzstellen selbst gut vorbereitet werden. Am besten geschieht dies bei Tageslicht. Der Jäger sollte weitgehend geräuschfrei zu dem gewählten Ort im Revier gelangen können. Ein Pirschweg vom Abstellort des Autos bis hin zur Ansitzstelle ist dafür ideal. Weiterhin sollte auch der Ansitz selbst weitgehend geräuschfrei ablaufen können. Trockene Blätter und Gräser oder potenziell brechende Äste sollten deshalb entfernt werden. „Plätzen“ Sie die Stellen frei, an denen Füße, Sitzstock sowie Zielstock positioniert werden sollen. Damit der Jäger in der Dunkelheit nicht alles mitschleppen muss, kann er bereits sicher benötigte Ausrüstungsgegenstände im Erdsitz positionieren.

Frisch bestellte Felder lassen immer auf Beute hoffen.

KIRRJAGD

Der Ansitz an einer Kirrung bietet dem Jäger die Möglichkeit, mehr oder weniger berechenbar Beute zu machen. Schwarzwild wird dort durch das Ausbringen von geringen Mengen Kirrmaterial (häufig Mais) zielgerichtet angelockt.

Über längere Zeiträume angekirrte Schwarzkittel suchen Kirrstellen meist zuverlässig auf und das sogar häufig zu einer ganzen bestimmten Uhrzeit. Der Ansitz kann somit zielgerichtet erfolgen, was den Jagderfolg massiv steigert. Große Drückjagdstrecken hinterlassen bei vielen Jägern häufig den Eindruck, dass die meisten Schwarzkittel auf diesen Bewegungsjagden zur Strecke kommen. Doch die Einzeljagd darf keinesfalls unterschätzt werden, findet sie im Unterschied zur Drückjagd doch bedingt durch Technik und gesetzliche Regelungen mehr oder weniger 12 Monate im Jahr statt. Die Kirrjagd spielt neben dem Ansitz im Feldbereich oder dem Pirschen bei Nacht unweigerlich eine große Rolle. Und dennoch gibt es zahlreiche Kritiker der Kirrjagd. Der häufigste Kritikpunkt ist dabei das Ausbringen des Kirrguts selbst, sorgt der Jäger damit doch für zusätzlichen Fraß und das eben nicht nur zu Zeiten von milchreifem Getrei-

Diese Kirrung wurde in der zurückliegenden Nacht angenommen – kein Zweifel! Nun muss die Rotte nur noch wiederkommen.

de oder Eichelmast. Einigen Quellen zufolge leisten die ausgebrachten Mengen Kirrgut einen großen Beitrag zum frühzeitigen Einsetzen der Geschlechtsreife bei Sauen und zur Reduktion der Jugendmortalität durch die ständige Verfügbarkeit von hochenergetischer Nahrung.
Der finanzielle und zeitliche Aufwand bei der Kirrjagd darf keinesfalls unterschätzt werden. Nur eine tägliche Kirrrunde mit einer festen Routine bei der Ausbringung des Kirrguts ist erfolgversprechend. Die Rahmenbedingungen zur Ausbringung der Futtergaben unterscheiden sich von Bundesland zu Bundesland. Erlaubtes Kirrmaterial, Ausbringungsmengen sowie Ausbringungsmethoden sind darin geregelt. Vor Anlage einer Kirrstelle sollte sich der Jäger deshalb mit dem Reglement in seinem Bundesland beschäftigen. Insbesondere die geringen Reviergrößen in Deutschland sorgen dafür, dass Schwarzwild in vielen Gegenden von Kirrung zu Kirrung ziehen kann. Sauen haben somit die „Qual der Wahl", was bei eigentlich zuverlässig angekirrten Schwarzkitteln zu einem plötzlichen Verschwinden führen kann. Die Vielzahl an Kirrungen sorgt somit für sinkende Attraktivität jeder einzelnen Kirrstelle. So verharren zahlreiche Jäger in deutschen Revieren an zuverlässig angenommenen Kirrungen und warten auf die regelmäßig dort auftauchenden Sauen, um gezielt Beute zu machen. Doch zumindest in puncto Jagderfolg sieht dies in der Realität vollkommen anders aus. Ansitze an Kirrungen bleiben für den Jäger sehr häufig beutelos und das wiederholt. Und wie bereits an anderer Stelle in diesem Buch erwähnt, trainieren wir Jäger die Sauen auf die Gefahr „Mensch" durch jedes erlegte Stück, jeden Fehlschuss sowie allein durch unsere Anwesenheit im Umfeld der Kirrstelle. Jeder, der regelmäßig an Kirrungen jagt, kennt die Momente, in denen die Sauen hörbar sind, aber nicht austreten. Wir Jäger selbst sind die Verursacher und müssen uns dessen

Häufig verweilen Sauen nicht sehr lange an Kirrungen.

bewusst sein und es uns leisten wollen, sehr oft ohne Beute den Heimweg anzutreten.
Die Verweildauer der Schwarzkittel hat nichts mit der Menge an ausgebrachtem Kirrgut zu tun. Häufig sind es lediglich wenige Minuten, in denen Sauen dort nach Fraß suchen. Starke Bejagung macht dies für uns Jäger noch unberechenbarer. In lichten, masttragenden Buchen- sowie Eichenwäldern kann häufig ein ähnliches Verhalten beobachtet werden. Durch die fehlende Deckung und den reich gedeckten Tisch sucht das Schwarzwild dort in der Bewegung nach Fraß. Lange Verweildauern an Ort und Stelle sind somit relativ selten. Hat eine erfahrene Bache in der Vergangenheit bereits einen Frischling auf diesem reich gedeckten Tisch verloren, wird sie die Bereiche trotz reichlich Fraß in der Zukunft mit hoher Wahrscheinlichkeit vollständig meiden oder nur zügig mit der ganzen Mannschaft durchziehen.
Nicht unerwähnt dürfen an dieser Stelle jedoch auch die Vorteile der Kirrjagd bleiben. Durch Foto- und Videomaterial von Wildkameras können regelmäßig an Kirrungen auftauchende Sauen bereits vor dem Ansitz angesprochen werden. Das erleichtert das eigentliche Ansprechen der bereits bekannten Sauen am Ansitzabend erheblich und

verhindert Fehlabschüsse. Weiterhin hat der Jäger durch weiträumig im Bereich der Kirrung verteiltes Kirrgut sowie die gute Sicht auf die Kirrstelle in der Regel deutlich bessere Möglichkeiten, die Schwarzkittel zu beobachten. Neben den körperlichen Merkmalen kann so auch das Verhalten sowie die Sozialstruktur für das Ansprechen genutzt werden. Beispielsweise Bachen, die keine Frischlinge führen, können in solchen Situationen zielsicher erkannt werden. Bei ausreichend Zeit und guter Sicht gelingt ebenso die Zuordnung von Frischlingen zum Muttertier. Weiterer entscheidender Punkt für die Kirrjagd ist die Qualität des Wildbrets erbeuteter Sauen. Im Unterschied zu Bewegungsjagden sollten Schüsse vom Ansitz an der Kirrung bis auf absolute Ausnahmen sitzen. Sicher verendende Stücke und damit kurze Fluchtstrecken sind die Folge. Dies ermöglicht ein zügiges Bergen sowie Versorgen, was der Wildbretqualität erheblich zugutekommt.

Bedingt durch Wärmebild- sowie Nachtsichttechnik und gesetzliche Möglichkeiten (Jagdzeiten beachten!) kann die Jagd an der Kirrung ganzjährig sowie weitgehend unabhängig der Witterungsverhältnisse ausgeübt werden. Zu beachten ist weiterhin, dass insbesondere in großen geschlossenen Waldgebieten die Kirrjagd die einzige Möglichkeit ist, um Sauen bei der Einzeljagd gezielt zu bejagen.

PLATZWAHL

Regelmäßige Reviergänge, Ansitze oder Pirschjagden liefern dem Jäger beispielsweise Informationen über Wildvorkommen, Aktivitätsschwerpunkte, Aktivitätszeiten oder den Verlauf von Wechseln im Revier. Und insbesondere Schwarzwild hinterlässt häufig weithin sichtbare Zeichen im Revier. Seine Anwesenheit im Revier lässt sich somit in der Regel einfach bestätigen. Beispielsweise

Auch das Fährtenbild gibt Aufschluss über die Anwesenheit von Wildarten.

Malbäume, Fährten, Kessel und auch Suhlen lassen leicht erkennen, an welchen Stellen im Revier Sauen aktiv sind. Diese Zeichen sollten bei der Anlage einer Kirrung beachtet werden. Denn es ist natürlich deutlich leichter, Sauen in einem Eck im Revier anzukirren, in dem die Schwarzkittel ohnehin regelmäßig aktiv sind. So manch angelegte Kirrung, die an einem einsamen Fleck im Revier fernab von Wegen und Ortschaften an einem für den Jäger vermeintlich perfekt geeigneten Platz angelegt wurde, blieb schon verwaist. Dann war neben der überschaubaren Arbeit für die Anlage der Kirrstelle selbst auch der zeit- und kostenintensive Hochsitzbau umsonst. Deshalb sollte man sich für die Auswahl des Platzes ausreichend Zeit lassen.

Wenn Fährtenbilder die Anwesenheit von Schwarzwild bestätigen, aber noch keine abschließende Gewissheit über die Häufigkeit von Sauen im beobachteten Gebiet herrscht, bietet es sich an, etwas nachzuhelfen. Im entsprechenden Gebiet können kleine Mengen an Kirrmaterial ausgebracht und diese Stellen mittels Wildkameras überwacht werden (Gesetzeslage beachten!). Nach einem ausreichend großen Zeitraum stellt sich dann heraus, welche Stellen von Sauen gemieden und welche häufig frequentiert werden. Diese Beobachtungen sollten in einer Revierkarte notiert werden, um auch räumliche Zusammenhänge im Revier zu verstehen. So ist rasch erkennbar, ob beispielsweise ein und dieselbe Rotte an mehreren Kirrungen im Revier aktiv ist.

Ist eine finale Position im Revier ausgemacht, geht es an die konkrete Platzwahl der Ansitzeinrichtung. Dabei sollten die überwiegend vorherrschenden Windverhältnisse unbedingt beachtet werden. Soll beispielsweise ein neuer Hochsitz gebaut werden, wird er so positioniert, dass der Wind dort für die Hauptwindrichtung passt. Lassen die Örtlichkeiten es zu, kann für abweichende Windverhältnisse ein zweiter Sitz an die Kirrung gestellt werden. Auf diese Weise kann nahezu immer an der Kirrstelle gejagt werden.

Den größten Einflussfaktor bei der Kirrjagd hat wie bereits erwähnt die Reviergröße und das Kirrverhalten der angrenzenden Reviernachbarn. Wir Jäger müssen immer im Hinterkopf behalten, dass unsere Kirrung in der Regel nur eine von vielen im Einzugsbereich der Sauen ist. Und deshalb sollten wir uns die Situation im eigenen Revier nicht zusätzlich erschweren! Schwarzwild ist in der Lage, über große Distanzen Leckereien zu wittern. Kirrstellen, reifende Weizenschläge oder andere Fraßangebote werden somit über kurz oder lang wahrgenommen und angenommen. Je nach Reviergröße sollte

Sauen hinterlassen unübersehbare Zeichen im Revier. Ihre Anwesenheit lässt sich damit zweifelsfrei feststellen.

sich der Jäger deshalb auf lediglich eine oder nur sehr wenige Kirrungen konzentrieren. Obendrein ist die Kirrungsanzahl in Bezug auf die Revierfläche in vielen Bundesländern reglementiert. Und auch die Zahl der Jäger, die regelmäßig an den Kirrungen wacht, hat einen Einfluss auf die Kirrungsanzahl. Ist klar, dass ein Jäger überwiegend allein im Revier unterwegs ist, sollten eben auch möglichst wenige oder gar nur eine Kirrung im Revier vorhanden sein. Das steigert die Wahrscheinlichkeit des Sauenkontaktes an der Kirrstelle enorm.

ANSITZEINRICHTUNG

Bei der Gestaltung der Ansitzeinrichtung an der Kirrung lassen zahlreiche Jäger besonders viel Phantasie walten. Häufig werden weder Kosten noch Mühen gescheut, damit der Ansitzplatz auch über viele Stunden hinweg oder sogar über Nacht gemütlich bezogen werden kann. So gibt es Bauwerke, die mit Teppich, Heizung und Bett ausgestattet eher einer Studentenwohnung als einer Ansitzeinrichtung entsprechen. Für den Ausgang der Jagd ist es natürlich unerheblich, ob von einer Leiter, einer gedämmten Kanzel, einem Klettersitz oder vom Boden aus den Sauen nachgestellt wird. Lediglich der Wind und das „antrainierte" Verhalten der Sauen haben Einfluss. In der Praxis haben sich leichte und damit transportable Ansitzeinrichtungen bewährt. Diese Sitze können obendrein in der heißen Wildschadensphase in den Sommermonaten im Feldbereich eingesetzt werden. Wer effektiv und effizient Sauen bejagen möchte, muss die Unberechenbarkeit des Schwarzwildes berücksichtigen. Setzt der Jäger nicht auf Kanzeln, sondern offene Ansitzeinrich-

Besonders an Kirrungen ist dem Einfallsreichtum der Jäger kaum Grenzen gesetzt. Von klappriger Leiter bis hin zur Luxuskanzel ist hier fast alles zu finden.

tungen, muss die Tarnung des Jägers beachtet werden. Auf offenen Leitern sind wir Jäger beispielsweise gegen einen hellen Sternenhimmel sehr gut sichtbar. Kommt dann noch beim Abglasen oder vor der Schussabgabe Bewegung in den Jäger, fliegt er rasch auf und die Sauen werden flüchten. Es empfiehlt sich deshalb, die Ansitzleiter nach Möglichkeit vor einem optischen Hindernis wie beispielsweise einem Waldrand, einem dicken Baum oder bei einem Erdsitz vor einem steil abfallenden Hang zu positionieren. Aus Richtung der Kirrfläche betrachtet, verharrt oder agiert der Jäger so vor dunklem Hintergrund und ist damit besser getarnt. Ein zusätzlich angebrachtes Tarnnetz an der offenen Leiter bietet weiteren Sichtschutz. Im Sitz selbst sollte eine sichere Abstell- beziehungsweise Ablagemöglichkeit für Wärmebildgerät, Patronenetui oder Gehörschutz vorhanden sein. Dort positionierte Ausrüstung sollte selbst bei kompletter Dunkelheit sicher zu greifen und wieder abzustellen sein.

Die Distanz zwischen Ansitzeinrichtung und Kirrfläche sollte weder zu groß noch zu klein angelegt werden. Eine Distanz zwischen 50 und 100 Metern ist optimal. Wesentlich wichtiger als die konkrete Distanz ist ein freies Schussfeld auf die Kirrfläche. Selbst mit moderner Wärmebild- oder Nachtsichttechnik wird im Eifer des Gefechts beim Sauenansitz rasch ein kleines Ästchen zwischen Laufmündung und zu beschießender Sau übersehen. Fehl- oder gar Krankschüsse können daraus resultieren.

Die Lichtverhältnisse an einer Kirrung können aufgrund von Nachtsicht- sowie Wärmebildtechnik weitgehend vernachlässigt werden. Wichtiger ist die Kenntnis über Schussfelder, die den Stand umgeben. Abgeprallte Projektile können bei nicht ausreichendem Kugelfang zu Problemen führen. Auch Pirschwege zu den Stellen, von wo aus die Kirrung bei unterschiedlichen Windverhältnissen erreicht werden kann, müssen frei

Hat der Jäger genug Disziplin, lässt sich an Kirrungen auch prima von offenen Leitern Beute machen.

und leise begehbar sein. Wenn die Möglichkeit besteht, die Ansitzeinrichtung so zu positionieren, dass anwechselnde Sauen bereits von Weitem beobachtet werden können, besteht ein weiterer Vorteil. Zum einen wird der Jäger nicht von den Schwarzkitteln im Anmarsch überrascht. Zum anderen können die Stücke bereits auf dem Weg zur Kirrstelle grob angesprochen werden.

Die Menge an natürlich verfügbarem Fraß hat auf die Anziehungskraft von Kirrungen entscheidenden Einfluss. Sind im Revier reifende Weizen- sowie Maisschläge oder masttragende Laubholzbestände in Hülle und Fülle vorhanden, werden die Sauen nur selten an der Kirrung auftauchen. Im Regelfall haben die Schwarzkittel an diesen Stellen im Unterschied zu den Kirrungen noch keine negativen Erfahrungen gemacht. In fraßarmen Zeiten kann die Kirrung hingegen zur wahren Sauen-Attraktion mutieren.

Schwarzwild taucht dann zu festen Uhrzeiten regelmäßig an den Kirrstellen auf. Die Erfahrung aus dem Populationsmanagement mittels Saufangs hat gezeigt, dass immer ein und dieselbe Person mit dem gleichen Fahrzeug, zur in etwa gleichen Zeit mit dem gleichen Verhalten kirren sollte. Dies schafft Routine für Mensch und Schwarzwild. Die Sauen kennen die Witterung sowie das Verhalten des Kirrers und verbinden dies nicht mit Gefahr. Beginnt man mit dem Kirren an einer neuen Stelle oder übernimmt eine andere Person die Aufgabe, führt das häufig dazu, dass die Kirrung über mehrere Tage hinweg nicht mehr angenommen wird.

DAS BESCHICKEN

Wie bereits erwähnt sollte vor dem Anlegen und damit ersten Beschicken der Kirrstelle ein Blick in die jeweils geltenden rechtlichen Rahmenbedingungen (Kirrverordnungen) geworfen werden. Nur dann ist der Jäger auf der sicheren Seite. Grundsätzlich empfehlenswert ist es, das Kirrgut weiträumig und verteilt über die gesamte Kirrung auszubringen. Mehrere Stellen mit wenig Kirrmaterial sind damit einer großen Kirrstelle vorzuziehen. Durch diese Vorgehensweise werden die Rotten auseinandergezogen und die Stücke vereinzeln sich auf der Fläche. Dies erleichtert das Ansprechen sowie die Schussabgabe erheblich. Zusätzlich dazu sollten die Sauen bei der Aufnahme des Kirrguts möglichst beschäftigt sein. Dazu bietet es sich an, das Kirrgut mit Holzstücken, Gehwegplatten oder schweren Steinen abzudecken. Auch das Eingraben ist eine gute Möglichkeit, um die Sauen bei der Fraßaufnahme zu beschäftigen. Will man es sich dabei besonders leicht machen, kann ein Eisenstab mit einem Hammer in den Erdboden eingeschlagen werden. Im Anschluss wird er mit kreisenden Bewegungen aus dem Boden gezogen. In die dabei entstehende trichterförmige Öffnung kann der Jäger

Sind sie gesetzlich nicht verboten, kann auf Kirrtrommeln gesetzt werden. Vorteil ist, dass der Jäger nicht täglich die Kirrung beschicken muss.

Mais ist wohl das gängigste Kirrmaterial. Bei der Ausbringung sollte unbedingt die jeweilige Kirrverordnung beachtet werden.

beispielsweise Mais prima einrieseln lassen. Lassen es die gesetzlichen Regelungen zu, können auch Kirrtrommeln oder Kirrgutstreuer zum Einsatz kommen. Bei Kirrtrommeln sollte der Jäger dringend darauf achten, dass diese ausreichend im Erdboden befestigt sind. Der Markt hält für diesen Zweck spezielle einschlagbare Erdanker bereit. Keinesfalls darf die Kraft von Sauen in diesem Fall unterschätzt werden, so manche Kirrtrommel ist von den Schwarzkitteln bereits aus dem Boden gerissen worden und in hügeligem Gelände abhandengekommen. Beim Einsatz von Kirrgutstreuern sollte die Auswurfmenge sowie die Streubreite so angepasst werden, dass die Sauen ebenfalls nicht geklumpt auf der Kirrfläche verharren, sondern sich möglichst vereinzeln. Wie oft in Folge das Erlegen von Stücken aus ein und derselben Rotte funktioniert, wurde noch nicht untersucht. Schwarzwild ist jedoch sehr lernfähig. Bei auftretenden Wildschäden auf Wiesen oder in Feldern machen wir Jäger uns dies ja sogar zunutze. Wir erlegen gezielt Sauen an oder nahe der Schadflächen, um sie zumindest für einen gewissen Zeitraum fernzuhalten. Dieser Vergrämungseffekt tritt natürlich auch an Kirrungen auf. So meidet eine beschossene Rotte häufig die Kirrung in den Folgenächten nach der Erlegung.

KLASSIKER: MAIS

Der Klassiker unter den Kirrmaterialien ist getrockneter Mais – egal ob gebrochen oder als ganzes Korn. Leicht zu lagern und einfach auszubringen, ist er zudem häufig noch erschwinglich. Um die Attraktivität zu erhöhen, verfeinern viele Jäger den Mais mit Salz, diversen Gewürzen, Fischöl oder anderen Lockmitteln. Da hat jeder Jäger sein eigenes Geheimrezept. Häufig ist es jedoch so, dass das Gegenteil bewirkt wird. In Berufsjägerkreisen wird lokal selbst Buchenholzteer mittlerweile als Garant dafür gesehen, dass Sauen fernbleiben, da mit dem intensiven Geruch eine jagdliche Einrichtung und damit potenzielle Gefahr verbunden wird.

Klassiker: Buchenholzteer. Einige Jäger schwören auf den stark riechenden, klebrigen Lockstoff. Andere verteufeln ihn.

Auf dem Markt sind allerhand Lockmittel zu finden. Über die Wirkung lässt sich streiten.

Auf dem Markt sind mittlerweile zahlreiche Lockmittel und Duftstoffe für das Anlocken von Schwarzwild verfügbar. Alle Hersteller versprechen natürlich, dass die Wutzen von den Mittelchen nahezu magisch angezogen werden. Ob und welches Lockmittel eingesetzt wird, muss jeder Jäger selbst entscheiden. Viele Werbeversprechen dürften jedoch vermutlich deutlich größer als die tatsächlich eintretende Wirkung sein. Eine Kombination aus vorhandener Suhle und Kirrmaterial stellt insbesondere in Zeiten von Wassermangel eine Alternative zu einer reinen Futterkirrung dar. Schwarzwild liebt Wasser. Sei es für das Suhlen oder für die Ernährung – Feuchtigkeit zieht Sauen nahezu magisch an. Wer Teiche, Schilfgürtel oder Fließgewässer im Revier hat, sollte diese Stellen ins Visier fassen und bei einem Reviergang erkunden.

ÜBERWACHUNG

Wildkameras mit Sendefunktion für Fotos sowie Videos sind heute bereits in zahlreichen Revieren gang und gäbe. Das dadurch entfallende Entnehmen und Auslesen der Speicherkarten erspart dem Jäger neben Zeit auch Geld. Denn hat die an der Kirrung platzierte Wildkamera in der zurückliegenden Nacht keine Datei gesendet, kann davon ausgegangen werden, dass keine Sauen vor Ort waren. Den Weg zur Kirrung kann sich der Jäger damit sparen. Das gesendete Foto- und insbesondere Videomaterial bietet zudem die Möglichkeit, das abgelichtete Wild anzusprechen. So ist bereits vor dem Ansitz bekannt, mit welcher Rottenkonstellation beziehungsweise mit welcher einzeln ziehenden Sau der Jäger rechnen kann. Bei geringem zeitlichem Versatz zwischen Aufnahme und Versand der Fotos oder Videos sowie bei wiederholter Auslösung der Kamera nach einem gewissen zeitlichen Intervall, bietet sich dem Jäger zudem eine weitere Möglichkeit. Meldet eine Kamera Aktivität an einer der Kirrungen, können die abgelichteten Sauen gezielt angepirscht werden – räumliche Nähe zum Revier ist dafür natürlich zwingende Voraussetzung. Über einen sorgfältig vorbereiteten Pirschweg pirscht der Jäger bei gutem Wind die Schwarzkittel an. Die wiederholte Zusendung von Fotos beziehungsweise Videos liefert Informationen, ob die Sauen weiterhin an der Kirrstelle aktiv sind und der Jäger den Weg zur Kirrung daher fortsetzen sollte. Bei günstigen Witterungsbedingungen (Windstille, Trockenheit) sind insbesondere kopfstarke, vertraut agierende Rotten für den Jäger bereits von Weitem zu hören. Das erleichtert die finale Phase des Anpirschens erheblich, denn Bewegungsgeräusche des Jägers gehen im Getose der Schwarzkittel unter. Bleibt die wiederholte Meldung der Wildkamera aus und herrscht bereits seit einigen Minuten Funkstille, muss davon ausgegangen werden, dass die Sauen weitergezogen sind. In solchen Situationen lohnt die Pirsch beziehungsweise der Anstand an den Wechseln rund um die kurz zuvor angenommene Kirrstelle selbst. Vertraut agierende Sauen suchen in einer Nacht häufig mehrere Fraßplätze aufeinanderfolgend auf. Liegt eine weitere Kirrung in der Nähe und war diese in den zurückliegenden Nächten regelmäßig angenommen, ist der Wechsel in Richtung dieser Kirrung mit Sicherheit eine beuteträchtige Stelle.
Eine weitere Möglichkeit zur Kirrungsüberwachung bieten Kirrmelder sowie Kirrungsuhren. Beiden gemeinsam ist, dass die technischen Geräte den Jäger über den Aktivitätszeitpunkt des Wildes an der Kirrung informieren. Neben Sauen sorgen so aber häufig auch beispielsweise Dachse oder Waschbären für Aktivitätsmeldungen. Ein Ansprechen des Wildes ist mit diesen Geräten nicht möglich. Kirrungsuhren haben zudem im Unterschied zu Kirrmeldern den erheblichen Nachteil, dass die Aktivität nur einmalig aufgezeichnet wird. Ist die meist in

einem robusten Kunststoffgehäuse gelagerte Uhr umgestoßen, tickt sie nicht mehr weiter. Darauffolgende Aktivitäten bleiben demzufolge für den Jäger verborgen. Moderne Kirrmelder senden dem Jäger über das Mobilfunknetz Aktivitätsmeldungen direkt auf sein Smartphone. Das Anpirschen einer angenommenen Kirrstelle kann durch fortlaufende Meldungen so in gleicher Art und Weise wie bei Wildkameras mit Sendefunktion erfolgen.

Nicht unerwähnt darf an dieser Stelle jedoch der Kostenaufwand für den modernen Weg der Kirrungsüberwachung bleiben. Die Geräte selbst schlagen selbst je nach Modell mit teils mehreren Hundert Euro zu Buche und auch der fortlaufende Betrieb von Geräten mit Meldefunktion sorgt für Kosten. Eine vermeintlich günstige Wildkamera kann so durch den mitverkauften Sendetarif kräftig zu Buche schlagen, wenn kein Flatrate-Tarif angeboten wird.

Wildkameras lassen sogar ein erstes Ansprechen der Kirrungsbesucher zu.

GEMEINSAMES JAGEN IN DER NACHT

Es gibt bei der Jagd kaum etwas Schöneres, als frei von Neid gemeinsam Beute zu machen. Dies gilt natürlich auch für die Jagd in der Nacht. Im Team zu jagen, bedeutet Freundschaft und Kameradschaft zugleich.

Wie bei den meisten Jagden mit mehreren Personen sollte sich jeder Jäger dabei immer wieder bewusst machen, dass die Gemeinschaft und damit das gemeinsame Beutemachen im Vordergrund steht. Der eigene Beutetrieb ist wildbrethygienischen und insbesondere sicherheitstechnischen Aspekten strikt unterzuordnen. Sauen suchen nach Beschuss an einer Kirrung häufig eine andere Kirrstelle im selben Revier auf. Die Schwarzkittel bewegen sich bei diesem Ortswechsel in der Regel auf festen Wechseln, die der Jäger zuvor ausmachen kann. Liegt die beschossene Sau am Anschuss, kann es sogar bei unerfahrenen Rotten dazu kommen, dass verbliebene Rottenmitglieder zurück an den Anschuss kehren. Zwingende Voraussetzung dafür ist, dass die Sauen den Schuss zuvor nicht mit dem Jäger in Verbindung gebracht haben. Geht die beschossene Rotte stiften, können im Nachgang aber natürlich auch andere Rotten oder einzelne Sauen an der Kirrung auftauchen.

Für die gemeinsame Jagd in der Nacht sind klare Regeln unumgänglich. Bei einem kurzen Treffen vor der Jagd werden diese Anweisungen vom Jagdleiter kommuniziert.

Die Vorbereitungen für ein gemeinsames Jagen in der Nacht verlaufen ganz ähnlich wie die Vorbereitungen zu einer klassischen Drückjagd.

Eine ausufernde Wildschadenssituation oder derzeit sehr aktuell auch die Seuchenprävention erfordern gemeinschaftliches Jagen, um Schwarzwildpopulationen effektiv zu reduzieren. Die Gesetzgebung definiert, ab welcher Anzahl an Beteiligten es sich im rechtlichen Sinne um eine Gesellschaftsjagd handelt. Seien es drei, vier oder mehr Jäger – ab einer gewissen Anzahl an Teilnehmern muss ein Jagdleiter festgelegt werden. Eine gemeinsame Jagd bei Nacht ist demnach ab einer bestimmten Teilnehmerzahl eine Gesellschaftsjagd nach Auffassung der deutschen Rechtsgebung. Hinzu kommt die gesetzlich festgelegte Regelung über den Schießnachweis für Gesellschaftsjagden (Gesetzeslage beachten). Dieser muss in der Regel jährlich aufgefrischt und nebst Jagdschein bei der Anmeldung für eine Gesellschaftsjagd nachgewiesen werden. Der Jagdleiter hat wie bei einer klassischen Drückjagd somit eine verantwortungsvolle Aufgabe.

Analog zur Organisation einer Drückjagd sollte sich der Jagdleiter auch bereits mit möglicherweise anfallenden Nachsuchen auseinandersetzen. Kontaktdaten von Nachsuchenführern sollten bereitliegen und zudem ein Zeitfenster im eigenen Terminplan am kommenden Tag eingeplant werden.

Weitere Aufgaben des Jagdleiters:

- Führung der Jagdgesellschaft mit klaren Regeln und Anweisungen
- Er muss sicherstellen, dass alle Teilnehmer die Details zum gemeinsamen Jagen kennen.
- Jede bekannte und erkennbare Gefährdung Dritter muss durch den Jagdleiter ausgeschlossen werden.
- Er muss selbstständiges Handeln bei den Teilnehmern innerhalb der festgesetzten Regeln einfordern.
- Er muss sicherstellen, dass Kommunikation innerhalb der Jagdgesellschaft gesichert ist.

GRUPPENANSITZ

Der Gruppenansitz bei Nacht ist durch die festgelegten Stände leicht durchzuführen. Die Schützen kennen entweder ihre Plätze, oder werden von einem Ansteller bis zu ihrem Stand gebracht. Die Einweisung in den Stand sollte mittels Karte oder Skizze bereits vor Erreichen des Standes im Revier geschehen. Langes Einweisen nahe dem Stand ist zu vermeiden, führt es doch zur Beunruhigung des Wildes. Außerdem ist selbst in sehr hellen Mondnächten keine klare Ansprache des Geländes möglich. Der Sammelpunkt der Jäger vor dem Ansitz sollte möglichst an einem beleuchteten Ort wie beispielsweise einem Jagdhaus oder auf einem Parkplatz nahe einer Straßenlaterne liegen. Dort kann alles Notwendige ohne dadurch verursachte Störungen im Revier besprochen und noch ein Blick auf die Revierkarte geworfen werden.

Folgende Informationen werden an die teilnehmenden Jäger übergeben:

— Wer erreicht wie seinen Sitz?
— Wo sind Sicherheitsbereiche/Kugelfang?
— Überschneiden sich Beobachtungsbereiche?
— Überschneiden sich Schussbereiche?
— Auf welche maximalen Entfernungen darf geschossen werden?
— Wie verhält sich der Schütze nach dem Schuss?
— Welche möglichen Meldungen werden wie abgesetzt?
— Wie erfolgen die Nachsuchen?
— Wie wird geborgen?
— Wo wird aufgebrochen?

Bei Dunkelheit kommt es noch stärker als bei Gesellschaftsjagden am Tag darauf an, die Teilnehmer in Gruppen zu organisieren oder bei einer kleinen Anzahl von Schützen als eine Gruppe zu agieren. Die Vollzähligkeit der Teilnehmer ist so problemlos zu überwachen und Meldungen zum weiteren Vorgehen sind leichter mitgeteilt. Für die Sicherheit ist eine sichere, routinierte Waffenhandhabung in völliger Dunkelheit zwingende Voraussetzung. Neben Lampen und Signallampen, die an der Kleidung befestigt werden können, sind Infrarotsignalgeber ein praktisches Mittel, um die rasche

Der Gruppenansitz bei Nacht hat den Vorteil, dass alle Jäger einen fest zugewiesenen Platz im Revier haben.

Nicht überall im Revier ist Mobilfunkempfang vorhanden. Funkgeräte können dann die Lösung sein.

Bei der Pirsch zu zweit kann einer der Jäger als Beobachter fungieren, während der andere sich auf das Schießen konzentrieren kann.

Sichtbarkheit der anderen Jäger auch mit Nachtsichtgeräten sicherzustellen. Beim Abglasen des Geländes werden selbstverständlich ausschließlich die Beobachtungs- und keinesfalls Vorsatzgeräte benutzt! Für die Organisation der Gesellschaftsjagd bietet der Markt leicht bedienbare Apps für Smartphones an. Darin wird die Position der anderen Jäger – diese müssen die App natürlich ebenfalls nutzen – gezeigt. Jeder Jäger weiß so über die Positionen der anderen Jäger im Umkreis Bescheid. Weiterhin muss die Kommunikation zwischen den Jagdteilnehmern stets sichergestellt werden. Ist bekannt, dass an einigen Stellen kein Mobilfunknetz erreicht werden kann, sollte ein anderes Kommunikationsmittel (Walkie-Talkie) zur Verfügung stehen.

GRUPPENPIRSCH

Bei der Gruppenpirsch, die weitaus mehr Disziplin und Koordination als der nächtliche Gruppenansitz erfordert, bewegen sich mehrere Teams zu je zwei Jägern gleichzeitig im Revier. Die Trupps sollten mindestens einen ortskundigen Jäger mitführen.

Die Gruppenpirsch ist sehr effektiv, wenn die Revierverhältnisse es hergeben. Die Sektoren, in denen die Teams pirschen und jagen, werden durch den Jagdleiter festgelegt und dürfen von den Pirschjägern keinesfalls verlassen werden. Bei der Gruppenpirsch gilt umso mehr: „Sicherheit geht vor Jagderfolg." Die Einweisung erfolgt wie beim Gruppenansitz möglichst abseits des eigentlichen Jagdgebiets. Es kann vorkommen, dass aufgrund der Windbedingungen von verschiedenen Punkten aus gestartet werden muss. Neben den Zeiten wird die Pirschroute innerhalb der zugeteilten Sektoren festgelegt. Alle Pirschrouten – auch die der anderen Pirschteams – müssen den Ortskundigen bekannt sein. Start- und Endpunkt sowie markante Zwischenziele können auf einer Karte oder in einer App vermerkt werden. Mit Headsets kombinierte Funkgeräte sind außerordentlich gute Kommunikationsgeräte, mit denen alle Teilnehmer auf ein und derselben Frequenz geführt werden können. Wird als Kommunikationsmittel auf das Smartphone gesetzt, bietet es sich an, dass jeder Pirschtrupp zu festen Zeiten oder bei Erreichen zuvor festgelegter Orte eine Nachricht absetzt. Fortlaufendes Vibrieren der Smartphones kann nämlich auch außerordentlich störend sein! Lichtsignale können dort eingesetzt werden, wo die unterschiedlichen Trupps sich gegenseitig einsehen und damit die Signale sicher erkennen können. Bei Sichtung von Schwarzwild durch ein Pirschteam sollte eine Meldung an alle Teilnehmer mit Standort erfolgen. Weiterhin wird in der Meldung angegeben, ob die Sauen durch die Beobachter selbst angegangen werden oder ob aufgrund des Sichtungsortes ein anderer Pirschtrupp dies tun sollte. In der Nachbereitung sammelt der Jagdleiter alle Informationen der Jäger. Insbesondere Sichtungen, Orte, Uhrzeiten sowie Bewegungs- beziehungsweise Fluchtrichtungen sind hierbei von großem Interesse. All diese Informationen werden in einer Karte zusammengestellt. So können beispielsweise mögliche Zusammenhänge zwischen verschiedenen Sichtungen im Revier erkannt werden.

WILDBRETHYGIENE BEI DER NACHTJAGD

Bereits in der Jagdscheinausbildung werden wir Jäger geschult, bedenkliche Merkmale an Wildtieren, deren Organen sowie Wildbret zu erkennen. Durch die Ausbildung zur „kundigen Person“ sind wir dann berechtigt, den Umgang mit Lebensmitteln tierischen Ursprungs auszuüben. Das Ansprechen des Wildes vor dem Schuss ist aufgrund des fehlenden Lichts bei der Nachtjagd deutlich eingeschränkt. Die „Lebendbeschau“ ist demnach nur bedingt möglich. Lediglich starke Einschränkungen in der Bewegung und anormale Haltungen des Wildkörpers können beim Einsatz von Nachtsicht- beziehungsweise Wärmebildtechnik sicher erkannt werden. Das sind im Wesentlichen Laufverletzungen durch abweichenden Gang oder Einknicken bei bestimmten Bewegungen. Dennoch kommt es regelmäßig vor, dass ältere Verletzungen an Gelenken und Knochen erst beim Bergen oder Aufbrechen erkannt werden. Der Ernährungszustand, der bei der Lebendtierbeschau ein sehr sensibler Punkt ist, kann in der Nacht nicht beurteilt werden. Ebenso sind Auswirkungen gesundheitlicher Störungen wie beispielsweise Räudemilben oder Durchfallerscheinungen schlichtweg

Besonders in warmen Sommernächten sollten erlegte Sauen zügig geborgen und versorgt werden.

Da die Lebendbeschau in der Nacht nur eingeschränkt möglich ist, sollte das frisch erlegte Stück gründlich in Augenschein genommen werden.

nicht erkennbar. Umso wichtiger wird die Beurteilung am erlegten Stück. Deshalb sollte das erlegte Stück bereits unmittelbar nach dem Auffinden im Revier das erste Mal begutachtet werden. Verletzungen an Gelenken, Wurf, Gebrech sowie den Lichtern oder beispielsweise der Befall mit Räudemilben fallen dem Jäger dabei direkt ins Auge. Danach widmet sich der Jäger der Roten Arbeit. Wildbrethygiene ist ein wichtiges Thema – auch nachts. Insbesondere in den wildschadenträchtigen Sommermonaten haben wir es auch mitten in der Nacht noch mit Außentemperaturen rund um 20 Grad Celsius zu tun. Diese verhältnismäßig hohen Temperaturen können insbesondere bei Sauen zu einem raschen Verhitzen des Wildbrets führen. Zügiges Versorgen der erlegten Stücke ist deshalb Pflicht. Nach der aktuellen Gesetzeslage ist es durchaus möglich, erlegtes Wild bereits im Revier aufzubrechen. Insbesondere bei

schweren Stücken bringt dies Vorteile, da der fehlende Aufbruch einiges an Gewicht einspart und das Bergen selbst so leichter von der Hand geht. Wir empfehlen jedoch, das erlegte Wild nicht an Ort und Stelle aufzubrechen. Im Feld ist es in aller Regel nicht möglich, die Stücke aufzuhängen. Weiterhin steht dort kein fließendes Wasser zur Verfügung. Zu guter Letzt sollte auch berücksichtigt werden, dass bei der Bergung aufgebrochener Stücke Dreck sowie andere Fremdkörper in die geöffnete Bauchhöhle gelangen können. Der Wildkörper wird dadurch unnötig belastet.
Wird Wild auf einem Heckträger an der Anhängekupplung des Pkw transportiert, kommt es bei der Fahrt durch Pfützen oder durch aufgewirbelten Staub unweigerlich zu Verunreinigungen. Um dies zu verhindern, werden gut handhabbare Stücke wie beispielsweise Frischlinge im Kofferraum transportiert. Das Aufbrechen im Liegen wird auch heute noch von vielen Jägern praktiziert. Es birgt aber die Gefahr, dass Schweiß und andere Flüssigkeiten nicht abfließen können. Der im Wildkörper verbleibende Schweiß verdeckt unter Umständen vorhandene Merkmale an den Innenseiten der Bauchhöhle. Wenn im Revier aufgebrochen werden muss, dann sollte der Aufbrechplatz ordentlich ausgeleuchtet sein. Eine starke Stirnlampe hilft dabei auf jeden Fall, schließt aber nicht aus, dass der eigene Schatten Probleme bereitet.
Der Aufbruch sollte sowohl beim Aufbrechen im Revier als auch an einem festen Aufbrechplatz in einer Wanne aufgefangen werden. Wenn eine notwendige Fleischbeschau ansteht, muss der Aufbruch für den Veterinär zur Verfügung stehen. Zudem gibt es teils Anweisungen der Veterinärämter für den Umgang mit Aufbruch von Schwarzwild im Zusammenhang mit der Europäischen sowie der Afrikanischen Schweinepest. Hier gilt es unbedingt, die landesspezifischen Regelungen zu beachten!

Heckträger an der Anhängekupplung sind zwar praktisch. Aufgewirbelter Matsch und Staub kann das Wild jedoch verschmutzen.

Folgende Routine empfiehlt sich mit den Stücken unmittelbar nach Erlegung:

- Auffinden
- Ansprechen von äußerlichen Merkmalen noch am Auffindeort
- Bergen sowie Transport zum Aufbrechplatz
- Möglichst im Hängen aufbrechen (Hände durch Handschuhe geschützt)
- Untersuchung der Organe beim Aufbrechen
- Auffangen des Aufbruchs in einer Wanne
- Zerschossene Bereiche rund um den Aus- oder Einschuss entfernen. Großflächige, oberflächennahe Hämatome entfernen
- Organe in der Wanne bei ausreichender Helligkeit begutachten (Leber, Herz, Nieren, Milz, Lunge, Därme)
- Wildkörper in die Kühlung hängen

NACHSUCHE BEI NACHT

Ist das beschossene Stück nicht in Sichtweite verendet, muss der Jäger zunächst den Anschuss finden.

Bei zuvor festgelegten Ständen wie beispielsweise Kanzeln, Ansitzleitern oder Bodenständen hat der Jäger den Vorteil, dass bereits bei Tageslicht die Entfernung zu markanten Punkten im Umfeld des Standes ermittelt werden kann. Dann muss sich der Jäger in der Nacht lediglich den markanten Punkt selbst und die Information merken, ob das beschossene Stück vor oder hinter diesem Punkt im Moment der Schussabgabe gestanden hat. Mit diesen Informationen kann der Schütze dann den Weg zum zu findenden Anschuss abschreiten. Hat der Jäger jedoch „unterwegs", beispielsweise auf dem Weg zu einer Ansitzeinrichtung geschossen, ist die Lokalisierung des Anschusses deutlich schwieriger. Kam der Jäger zu Schuss, sollte als Erstes der eigene Standort im Moment der Schussabgabe im Gelände markiert werden. Bei Tageslicht nimmt der Schütze selbst diesen markierten Standort wieder ein und weist einen Helfer in Richtung des eingeprägten Anschussortes ein. Zusätzlich dazu sollte sich der Schütze noch vor dem Schuss den Standort des Wildes in Relation zu markanten Punkten im Gelände einprägen. Hat der Schütze einen Laserentfernungsmesser griffbereit, liefert dieser wertvolle Informationen bezüglich der Entfernung des zu beschießenden Wildes oder den markanten Punkten im Gelände.

Nach dem Schuss sollte der Schütze Ruhe bewahren und den Anschuss gründlich untersuchen.

RUHE BEWAHREN!

Häufig kommt es jedoch vor, dass die beschossene Sau nicht an Ort und Stelle liegt. Dann gilt es, erst einmal Ruhe zu bewahren. Es sollten einige Minuten verstreichen, bis der Anschuss untersucht wird. So ist sichergestellt, dass verbliebene Rottenmitglieder den Schuss nicht mit dem Schützen verbinden, und auch der Jäger selbst kann in der Zeit zur Ruhe kommen. Die Kontrolle der vermuteten Anschussstelle erfolgt anschließend mittels einer starken Taschenlampe. Dies sollte rasch zum Erfolg führen. Ist auch nach einigen Minuten nichts zu finden, muss eine Kontrolle sowie die damit möglicherweise verbundene Nachsuche des Stückes mit einem Schweißhundegespann erfolgen! Langes Umhersuchen und womöglich ein Vertrampeln des Anschusses können die möglicherweise anfallende Nachsuche deutlich erschweren. Dies gilt es unbedingt zu vermeiden! Die vermutete Anschussstelle wird beispielsweise mit dem Dreibein, einem eingestochenen Stock oder einem Stück Flatterband markiert. Anschließend entfernt sich der Jäger vom Ort des Geschehens. Ist die Sau getroffen, wird der ausgebildete Schweißhund am nächsten Morgen bereits nach kurzer Zeit auf der Vorsuche den Anschuss sicher finden. Damit noch am Abend oder bereits am frühen Morgen ohne langes Recherchieren Kontakt zu potenziellen Nachsuchengespannen aufgenommen werden kann, ist es ratsam, die Kontaktdaten bereits im Vorfeld zusammenzutragen. Und hier gilt: Besser zu viele als zu wenige! Denn insbesondere in den Nächten rund um den Vollmond oder bei Schneelage sind Nachsuchengespanne sehr gefragt und unter Umständen bereits „ausgebucht". Schwarzwildnachsuchen sind egal zu welcher Tages- und Nachtzeit immer mit einem gewissen Risiko verbunden, wenn nicht eindeutig Lungen- oder Leberschweiß am Anschuss zu finden ist.

Die vermutete Anschussstelle sollte gekennzeichnet werden, damit sie bei der Nachsuche zügig wiedergefunden wird.

GRENZEN KENNEN

Die Nachsuche bei Nacht wird in Jägerkreisen kontrovers diskutiert. Teils wird Nachsuchenarbeit bei Dunkelheit kategorisch abgelehnt. Aber wo liegt hierbei die Grenze? Ein an einem Dezembernachmittag bei einsetzender Dämmerung beschossenes Stück Schwarzwild wird sicherlich nachgesucht, trotz des Wissens, dass die Nachsuche unter Umständen in die Dunkelheit verläuft. Der Beginn einer Nachsuche bei Dunkelheit hängt von vielen Faktoren ab. Das durchschnittliche Gewicht der erlegten Sauen in vielen deutschen Revieren liegt zwischen 30 und 40 Kilogramm. Bei mehr als der Hälfte der erlegten Stücke reden wir von Frischlingen oder schwachen Überläufern. Von diesen geringen Stücken kann nicht gesagt werden, dass sie einem Hund oder Hundeführer ernstlich wehrhaft entgegentreten können. Ein gewisses Restrisiko durch Beißen besteht natürlich trotzdem. Letztlich entscheidet der Nachsuchenführer nach Beurteilung des Anschusses, ob die Suche durchgeführt oder auf den kommenden Morgen verschoben wird. Die Selbsteinschätzung des Hundeführers in Bezug auf sich selbst und die Leistung seines Vierläufers sind dabei enorm wichtig. Bestehen Bedenken am Anschuss oder auf der begonnenen Wundfährte, dass

Lassen die Zeichen am Anschuss eine leichte Nachsuche erwarten, kann auch in der Nacht gesucht werden.

Bei der Nachsuche hat der Schweißhundeführer stets das letzte Wort. Er entscheidet über den Ablauf der Nachsuche.

Hund oder Nachsuchenführer an ihre Grenzen stoßen, dann sollte die Nachsuche umgehend abgebrochen oder erst gar nicht begonnen werden. Dies ist keineswegs ein Zeichen von Schwäche, sondern von guter Selbsteinschätzung!

UNBEDINGT BEI DER WAHRHEIT BLEIBEN!

Wichtig für den Schützen ist, keine Überraschungen für das Gespann aufkommen zu lassen. Die Liste der unvorstellbaren Abläufe und Ausgänge von Nachsuchen kann Bibliotheken mit Erfahrungsberichten füllen. Wie oft kommt es vor, dass Sauen ohne jeglichen erkennbaren Schweiß auf der Fährte verendet gefunden werden? Wie oft passiert es, dass man mit dem Hund während der Arbeit auf der roten Fährte auf eine gesunde Rotte stößt? Bleiben Sie bei der Wahrheit und den Fakten! Ohne Emotionen muss deshalb der Verlauf des Ansprechens, der Schussabgabe und des darauffolgenden Geschehens erläutert werden. Der Hundeführer kann dann abschätzen, was ihn erwartet. Ist eine Suche nach einer überschaubaren Distanz von 200 bis 300 Metern nicht erfolgversprechend, sollte die Suche mit Unterstützung der gesammelten Daten auf den Folgetag bei gutem Licht verschoben werden. Eine Hetze bei Nacht sollte dringend unterbleiben. Zu hoch ist die Gefahr für Mensch und Hund! Durch die Dunkelheit kann keinesfalls sichergestellt werden, dass der Hundeführer rasch an Hund und Wild ist, wenn der Vierläufer die Sau stellt. So kann es dazu kommen, dass der angebleite Schwarzkittel den Hund ernsthaft verletzt oder die Sau nicht lange genug gebunden wird und weiterflüchtet. Wird eine Sau aus dem Wundbett im Verlaufe einer Nachsuche aufgemüdet, kommt man nur schwer

Hier muss nicht lange überlegt werden. Der blasige hellrote Schweiß lässt eine kurze Totsuche erwarten.

ein zweites Mal an den Schwarzkittel heran. Deshalb sollte die Nachsuche in der Dunkelheit vor dem Aufmüden abgebrochen werden. Bei Tageslicht am kommenden Morgen ist die Hetze einer aufgemüdeten Sau dann deutlich ungefährlicher für das Nachsuchengespann.
Eine Anschuss-Checkliste kann als Gedächtnisstütze am Anschuss wertvolle Arbeit leisten. Sie sollte deshalb stets griffbereit im Jagdscheinetui verstaut sein. Folgende Angaben sind dabei wichtig:

Vor dem Schuss:

- Eigener Standort im Moment der Schussabgabe
- Geschätzte Entfernung zum beschossenen Stück?
- Markante Orientierungspunkte im Gelände?
- Wie viele Stücke waren vor der Schussabgabe im Anblick?
- Wie habe ich mich während der Schussabgabe verhalten?
- Wie hat sich das Wild vor der Schussabgabe verhalten?
- Wie stand das beschossene Stück Wild?

Nach dem Schuss:

- Waren Schusszeichen erkennbar?
- Wie hat das Stück gezeichnet?
- Hat das Stück geklagt?
- Welche Geräusche konnte ich nach dem Schuss noch wahrnehmen? (brechende Äste, dumpfer Schlag, Rascheln infolge von möglichem Schlegeln)
- Wo liegt die Fluchtrichtung des beschossenen Stückes?
- War Kugelschlag wahrnehmbar?

Am Anschuss:

- Befindet sich am Anschuss Schweiß?
- Sind Haare am Anschuss auffindbar?
- Befinden sich am Anschuss Knochensplitter oder Zähne?
- Von welchen Knochenpartien entstammen die Knochenteile am Anschuss?
- Sind Eingriffe der Schalen am Anschuss zu finden?
- Wie sieht die Vegetation am Anschuss aus?
- Ist ein Kugelriss auffindbar?

Für jeden Jäger ist es ratsam, ein Anschussseminar zu besuchen. Auch wenn man selbst kein Schweißhundeführer ist, kann das Wissen von erfahrenen Nachsuchenführern auch dem Schützen selbst wertvolles Wissen liefern. Es ist unglaublich, wie viele Pirschzeichen häufig im Gelände ohne Erfahrung übersehen werden. Insbesondere mehrere Meter hinter und auch über dem Stück (beispielsweise im Wald) können Pirschzeichen wie Schwartenfetzen, Schweiß oder Schnitthaar zu finden sein.

GEWÖHNUNG AN GATTERSAUEN

Eine Möglichkeit, seinen Hund auf die Arbeit am Schwarzwild vorzubereiten, sind Schwarzwildgewöhnungsgatter. Rund 20 dieser Sauengatter existieren mittlerweile über Deutschland verteilt. Dank der professionellen Arbeit der Kompetenzgruppe für Schwarzwildgatter können Hund und Führer ihre Eigenschaften sowie Fähigkeiten unter kontrollierten Bedingungen dort erproben und ausbauen. Die Riemenarbeit kann in vielen Fällen ohne direkten Blickkontakt bis zum Erreichen des gesuchten Stücks geübt werden. Bei den Schwarzkitteln in den Gattern handelt es sich jedoch um gesunde Sauen. Unsere Vierläufer merken sehr schnell, dass die Sauen im Gatter gesund sind. Obendrein zeigen die meisten Schwarzkittel auch noch eine gewisse Gewöhnung an Mensch und Hunde. Für eine erste Einarbeitung des Hundes unter kontrollierten Bedingungen sind die Gatter dennoch Gold wert. Doch es geht bei den Übungseinheiten in Schwarzwildgattern auch um den Lernerfolg beim Hundeführer. Für ihn ist es außerordentlich wichtig zu wissen, bei welchem Abstand zum Wild

der vierläufige Helfer welches Verhalten zeigt. Wird er energischer, wird er unruhig, steht er vor, wird er laut am Riemen oder meidet er gar die Schwarzkittel?
Der Hundeführer selbst muss seine Ausrüstung im Dunkeln rasch finden und diese bedienen können. Wo befindet sich was? Wie erreiche ich die Gegenstände schnell und sicher? Wenn es mal schnell gehen muss, sollten die Handgriffe sitzen und der Kopf muss frei sein für die eigentliche Aufgabe im Verlauf der Nachsuche. Beispielsweise fluoreszierende Griffschalen bei Messern, Leuchtklebeband, Stirnlampen mit Positionsleuchten am Hinterkopf können die Suche deutlich erleichtern und die Sicherheit drastisch steigern. Statten Sie die Ausrüstung mit Fangriemen aus, auch das kann im entscheidenden Moment Vorteile bringen. Ein beleuchtetes GPS-Ortungshalsband ist ebenfalls sehr zu empfehlen. Die mobilen Ortungsgeräte zeichnen den Verlauf der gearbeiteten Strecke auf und Wundbetten können mittels Koordinaten neben der klassischen Markierung durch Markierband auf dem GPS-Gerät hinterlegt werden. Nach Abbruch kann die Nachsuche am kommenden Morgen so vom markierten Ort zielsicher fortgesetzt werden. Der Schütze selbst begleitet ohne Waffe als Beleuchter und Ortskundiger die Nachsuche. Ein Fangschuss erfolgt ausschließlich nur durch den Hundeführer. Nachsuchen in der Nacht bedeuten ein hohes Risiko für Mensch und Hund. Gehen Sie kein Risiko ein. Kaum ein Tierarzt steht mitten in der Nacht zur Versorgung eines schwer geschlagenen Vierläufers zur Verfügung. Handelt es sich nicht mit sehr hoher Wahrscheinlichkeit um eine sichere Totsuche, sollte die Nachsuche auf den kommenden Morgen bei Tageslicht verschoben werden

Schwarzwildgatter bieten eine super Gelegenheit, um den jungen Hund an Sauen zu gewöhnen.

SERVICE

ÜBER DIE AUTOREN

MICHAEL GAST

Michael Gast, 1983 in Wiesbaden geboren, ist bereits seit vielen Jahren mit der Jagd beruflich sowie privat vertraut. 2003 wurde Gast zum Militärdienst in der Fallschirmjägertruppe eingezogen, wo er nach kurzer Zeit die Ausbildung zum Fallschirmjägeroffizier begann. In der sich anschließenden Ausbildung zum Offizier der spezialisierten Kräfte sammelte er reichhaltige Erfahrungen als Schießlehrer. Neben der eigentlichen Schießausbildung war vor allem der sichere Umgang mit der Waffe zentraler Ausbildungsbestandteil bei seinen Übungen. Im Rahmen seiner militärischen Karriere kam Michael Gast auch mit dem Thema Nachtsicht- sowie Wärmebildtechnik in Kontakt. Diese frühen Erfahrungen im Umgang mit der Technik machte sich Gast zunutze, waren Wärmebild- sowie Nachtsichtvorsätze für Jäger doch lange Zeit nicht erlaubt und der Erfahrungsschatz unter den Jägern damit nicht vorhanden. Seit 2019 ist Michael Gast Geschäftsführer der 1MOA GmbH. Die Gesellschaft besteht aus der Akademie für Jäger und Sportschützen, die sich zum Ziel gesetzt hat, einen Schießstandard zu schaffen und nach diesem auszubilden. Weiterhin beinhaltet die 1MOA GmbH einen Jagdwaffen- sowie Jagdausrüstungshandel und ein Onlinelernportal für schießtechnisch interessierte Jäger. Der Produktbereich Nachtsicht- sowie Wärmebildoptiken nimmt seit Jahren einen stetig wachsenden Anteil in der Angebotspalette ein. Neben der Jagd auf Schalenwild ist Gast vor allem von der Niederwildjagd fasziniert. Kontakt über: michael.gast@moderne-schiesslehre.de oder www.moderne-schiesslehre.de

MARTIN BALKE

Autor Martin Balke ist bereits in seiner frühen Kindheit mit dem Thema Jagd in Kontakt gekommen. Sein jagender Großvater nahm den gebürtigen Leipziger bereits früh mit zu Pirsch und Ansitz. Kein Wunder also, dass die Jagdscheinprüfung für Balke auf der To-do-Liste stand. Nach mehrmonatiger Ausbildung bei der Jägerschaft Dresden in Moritzburg legte er die Prüfung ab. Nach dem aktiven Dienst bei der Bundeswehr als Gebirgsjägeroffizier studierte Balke Forstwirtschaft in Schwarzburg. Während der vierjährigen Ausbildung zum Forstingenieur beim Freistaat Sachsen absolvierte Balke Praxisteile in Revieren in der Dübener Heide, dem Erzgebirge sowie der Oberlausitz. Die Ausbildungsrevierleiter waren allesamt sehr erfahrene Jäger und Hundeführer. Die Jagdscheinprüfung legte Balke im Rahmen des Studiums ein zweites Mal ab. Bereits im Studium bildete Martin Balke seinen ersten Jagdhund aus. Die Deutsch-Drahthaar-Hündin „Clea“ entfachte in ihm eine zweite große Passion: die Hundearbeit. Jagdhunde verschiedener Rassen begleiten den jungen Jäger seit dieser Zeit. Seit 2011 leitet der Forstingenieur zudem ein Schwarzwildgewöhnungsgatter, in dem Jagdhunde unter kontrollierten Bedingungen an Schwarzwild eingearbeitet werden können. Als Nachsuchenführer, Durchgehschütze, Ansitzjäger und mittlerweile begeisterter Klettersitzjäger ist Balke jagdlich äußerst aktiv. Auf einigen Jagdreisen in andere Länder auf verschiedenen Kontinenten wagte Balke den jagdlichen Blick über den eigenen Tellerrand hinaus. In der Akademie für Jäger und Sportschützen hält Martin Balke gemeinsam mit Michael Gast Nachtjagdseminare und Drückjagseminare ab. Die Ausbildungstätigkeit in dem sehr technischen Bereich der Nachtjagd bedingt, dass Balke sich dauerhaft im Thema Nachtsicht- und Wärmebildoptik weiterbildet.

REGISTER

BILDNACHWEIS

Mit 137 Farbfotos von AdobeStock (40): (Countrypixel S. 4; ysbrandcosijn S. 8; Branislav S. 9 u.; Annette S. 10 o.; Ronald Rampsch S. 11; sebgsh S. 12; axivan.com S. 13; WildMedia S. 15 u.; Oleh S. 17 o.; rsooll S. 17 u.; Lara Nachtigall (2) S. 20, S. 101 o.; Stefan S. 21 u.; max5128 (2) S. 23, S. 43; Erik Mandre S. 24; Piotr Krzeslak S. 25; Michael S. 26; photocech S. 27; Bomenius S. 28; Himmelreich Photo S. 29; alexanderoberst S. 38 o.; Heiko Küverling S. 38 u.; okyela S. 55; Budimir Jevtic S. 69 & S. 70; TomaszPodlak S. 84 u.; dmitriydanilov62 S. 92; Lars Johansson S. 95 o.; Klaus Brauner S. 95 u.; Vera Kuttelvaserova S. 96; pedisuk S. 100, Photohunter S. 101 u.; Bergringfoto (2) S. 102 o., S. 116; Lichtbildnerin S. 102 u.; contadora1999 S. 103; Oliver S. 104; albert schleich S. 105; Tom S. 117 o.; Synergic Works OÜ S. 117 u.;); Martin Balke (5): S. 82, S. 115, S. 118, S. 123, S. 131; Michael Gast (7): S. 32 o., S. 57, S. 59, S. 72, S. 76, S. 79, S. 130; Markus Lück (33): S. 9 o., S. 10 u., S. 16, S. 18–19, S. 46 alle, S. 47, S. 52–53, S. 56 o., S. 62, S. 63 alle, S. 64 alle, S. 65, S. 66, S. 67, S. 68 alle, S. 75 , S. 87 alle, S. 90, S. 91 alle, S. 98, S. 108, S. 112 o., S. 114, S. 121, S. 124 u., S. 125; Matthias Mähler (3): S. 30 alle, S. 31; Eike Mross (5): S. 2, S. 36, S. 39, S. 60, S. 124 o.; Michael Stadtfeld (11): S. 5, S.6–7, S. 37, S. 54 , S. 80–81, S. 84 o., S. 86, S. 119, S. 120, S. 122, S. 136; Franziska Pilz (33): S.2–3 Mitte, S.3 r. o., S. 14, S. 15 o., S. 21 o., S. 22, S. 40, S. 41, S. 44 alle, S. 45, S. 48, S. 49, S. 50, S. 51 alle, S. 56 u., S. 61, S. 73, S. 83, S. 88, S. 89, S. 93, S. 94 alle, S. 106, S. 107, S. 109, S. 110, S. 111, S. 112 u., S. 127, S. 128–129.
Mit 3 Illustrationen von Kay Elzner (S. 32 u., S. 33, S. 7 o.), 1 Illustration (S. 58) von Michael Gast, 2 Illustrationen von Susanne Markó (S. 71, S. 78 u.).

IMPRESSUM

Umschlaggestaltung von Büro Jorge Schmidt unter Verwendung von 11 Farbfotos von Martin Balke (2: Außenklappe hinten unten, Innenklappe hinten rechte Seite); Michael Gast (2: Außenklappe hinten oben, Innenklappe vorne rechte Seite unten); Eike Mross (3: Titelfoto, Foto Rückseite, Außenklappe vorne); Franziska Pilz (4: Innenklappe vorne linke Seite & rechte Seite oben, Innenklappe hinten linke Seite).

Mit 148 Farbfotos und 6 Farbzeichnungen

Unser gesamtes Programm finden Sie unter **kosmos.de**. Über Neuigkeiten informieren Sie regelmäßig unsere Newsletter, einfach anmelden unter **kosmos.de/newsletter**

Gedruckt auf chlorfrei gebleichtem Papier

ISBN 978-3-440-17839-3
Projektleitung und Redaktion: Markus Lück
Gestaltungskonzept: Peter Schmidt Group GmbH, Hamburg
Gestaltung, Satz und Repro: typopoint GbR, Ostfildern
Produktion: Kim Kanstinger
Druck und Bindung: Westermann Druck Zwickau GmbH, Zwickau
Printed in Germany / Imprimé en Allemagne